国家自然科学基金重点项目（40830741、41630644）
国家科技支撑计划项目（2008BAH31B01）
中国科学院知识创新工程重要方向群项目（KZCX2-YW-321）
国家发展和改革委员会重大研究课题（发改办规划[2006]2853）

主体功能区划技术规程

Technical Regulation for Major Function Zoning

樊 杰／主编

科学出版社

北 京

内 容 简 介

主体功能区划是国土空间保护和利用科学配置的有效途径。从粗放式开发国土空间转向基于可持续发展目标认知国土空间的过程中，主体功能区划发挥了前瞻性、引导性、战略性和基础性的作用。本书重点阐述主体功能区划的指导思想和区划原则、技术准则和技术流程、指标项及其算法、国土空间综合评价方法、功能区域类型划分和方案集成技术，同时就支撑主体功能区规划编制的有关内容、重要参数测算、监测评估、制图规范作了扼要阐述。

本书可供开展主体功能区相关研究和实践以及开展规划决策的基础性工作时参用，也可为地理学、区域发展、城乡规划、资源科学、环境科学等相关领域的研究学者、规划工作者以及相关部门人员和管理者参考。

图书在版编目（CIP）数据

主体功能区划技术规程／樊杰主编. —北京:科学出版社，2019.1

ISBN 978-7-03-060354-8

Ⅰ.①主… Ⅱ.①樊… Ⅲ.①区域规划–研究–中国 Ⅳ.①TU982.2

中国版本图书馆 CIP 数据核字（2019）第 005371 号

责任编辑：李 敏 杨逢渤／责任校对：彭 涛
责任印制：肖 兴／封面设计：黄华斌

斜 学 出 版 社 出版
北京东黄城根北街 16 号
邮政编码：100717
http://www.sciencep.com
中国科学院印刷厂 印刷
科学出版社发行 各地新华书店经销
*
2019 年 1 月第 一 版 开本：720×1000 1/16
2019 年 1 月第一次印刷 印张：7
字数：100 000
定价：85.00 元
（如有印装质量问题，我社负责调换）

研 制 单 位

牵头单位

  中国科学院地理科学与资源研究所

参加单位

  国家基础地理信息中心

  国家发展和改革委员会宏观经济研究院

  中国科学院生态环境研究中心

  中国科学院遥感与数字地球研究所

项目组(编写组)

首席科学家(主编)　　樊　杰

参加人员　　欧阳志云　　曾　澜　　刘若梅　　季晓燕　　吴绍洪
　　　　　　王世新　　　周　艺　　刘彦随　　李丽娟　　金凤君
　　　　　　陈　田　　　张文忠　　徐　勇　　戴尔阜　　王黎明
　　　　　　王传胜　　　陈玉福　　王海清　　祁国燕　　徐卫华
　　　　　　段晓男　　　汤　青　　孙　威　　李裕瑞　　李九一
　　　　　　周　侃　　　陈　东　　王亚飞　　郭　锐　　周道静
　　　　　　陶岸君　　　余建辉　　李佳洺　　杨　波　　董玛力
　　　　　　夏富强　　　赵婷婷　　胡云锋

序

　　主体功能区划是国土空间保护和利用科学配置的有效途径。在我国从粗放式开发国土空间转向基于可持续发展目标认知国土空间的过程中，主体功能区划发挥了前瞻性、引导性、战略性和基础性的作用。主体功能区划的理论和方法论建设，为开展和实施主体功能区规划、战略和制度提供了重要的科学基础。其中，主体功能区划技术方法的探索始于 2003 年，2006 年全国"十一五"规划纲要采纳我们完成的主体功能区划阶段性成果时，主体功能区划技术方法还只是初步的。

　　在国家自然科学基金重点项目、国家科技支撑计划项目等项目的支持下，结合 2006 年 12 月 12 日国家发展和改革委员会正式发函委托我们团队作为牵头单位开展全国主体功能区划方案及遥感地理信息支撑系统的研究工作（附件 1），我们才系统深入地开展了主体功能区划技术方法的探索和应用。按照 2006 年国务院文件对主体功能区划工作的统一部署，全国主体功能区划由国家级和省级两个层次构成，并采取各负其责的工作方式。为了引导省级主体功能区划科学规范地进行，国家发展和改革委员会采纳了我们的建议，把编制主体功能区域划分技术规程作为国家全面开展主体功能区划规划工作的一项前置任务。我们组织国家发展和改革委员会宏观经济研究院、国家基础地理信息中心、中国科学院遥感与数字地球研究所和中国科学院生态环境研究中心等单位科研人员，在探索全国主体功能区划技术方法和应用的同时，研制指导各省（自治区、直辖市）开展主体功能区划的技术规程，并在我们团队承担的山西省和海南省主体功能区规划研制中进行试用和完善。2008 年 6 月国家发展和改革委员会通过内部渠道向各省（自治区、直辖市）发布并要求试用我们研制的《省级主体功能区划分技术规程》（附件 2）。2010 年 12 月 21 日，国务院正式发布的全国主体功能区规划以及在此前后各省（自治区、直辖市）发布的主体功能区划方案，都是采用我们研制的技术规程。

主体功能区划技术方法是国家自然科学基金重点项目、国家科技支撑计划项目的重要成果，受到评审专家的肯定。主体功能区在党的十七大、十八大、十九大报告中都有表述，在国家"十一五""十二五""十三五"规划中都有表达，从规划、战略和制度层面（附件 3），对形成生态文明理念具有启迪示范作用，对建立生态产品、开发强度、主体功能等思想具有开拓创新作用，对优化国土空间开发保护格局具有指导应用价值。我们研制的《主体功能区划技术规程》在主体功能区进入决策过程、并在全国越来越广泛的实施过程中，是认知、规划和实践的科学依据，是主体功能区发挥作用实现价值的科技保障。在从数量增长向质量提升为主导的发展转型过程中，由于区域发展条件综合分析方法、空间类规划基础性评价方法等在很长一段时间里比较欠缺，许多管理部门、不少地方政府和广大的科学技术团队，都采用《主体功能区划技术规程》开展决策分析和规划研制的基础性工作。现修订出版，供开展主体功能区相关研究和实践以及开展规划决策的基础性工作时参用、指正。

2018 年 12 月 18 日

目　　录

引　言

为确保省级主体功能区划分（以下简称省级区划）的科学性和规范性，根据《中华人民共和国国民经济和社会发展第十一个五年规划纲要》《国务院关于编制全国主体功能区规划的意见》，特制定省级区划的技术规程，指导各省（自治区、直辖市）开展主体功能区划分的工作。

省级区划是省级主体功能区规划的阶段性工作，也是编制省级主体功能区规划的基础性工作。省级区划方案是省级主体功能区规划成果的重要组成部分。省级区划是根据资源环境承载能力、现有开发密度和发展潜力，按照推进形成主体功能区的要求，对省域国土空间进行区域划分。

全国主体功能区由国家级主体功能区和省级主体功能区组成。作为省级主体功能区规划工作的有机组成部分，省级区划工作一并由各省（自治区、直辖市）人民政府组织编制。

省级区划的技术规程重点阐述对省级区划指导思想、技术流程、指标项与国土空间评价、类型划分和区划成果等的要求，同时对支撑省级主体功能区规划编制的有关内容，以及主体功能区监测评估的技术规程作了扼要阐述。

省级区划的基本依据是：

1）《中华人民共和国国民经济和社会发展第十一个五年规划纲要》；

2）《胡锦涛在中国共产党第十七次全国代表大会上的报告》；

3）《国务院办公厅关于开展全国主体功能区划规划编制工作的通

知》国办发〔2006〕85号；

　　4）《国务院关于编制全国主体功能区规划的意见》；

　　5）《全国主体功能区规划（2008—2020年)》（讨论稿）；

　　6）各省（自治区、直辖市）国民经济和社会发展第十一个五年规划纲要。

第一章 总 则

第一节 省级主体功能区

省级主体功能区原则上与国家主体功能区的类型相同，划分为优化开发区域、重点开发区域、限制开发区域和禁止开发区域 4 个类型区。省级区划可缺失优化开发区域，但在限制开发区中必须区分农业地区和生态地区。

1. 省级优化开发区域

省级优化开发区域是指该省（自治区、直辖市）国土开发密度已经较高、资源环境承载能力开始减弱的区域。这类区域也是城镇化和工业化水平较高的区域，通常是对全省（自治区、直辖市）影响力较强的中心城市。

省级优化开发区域是未来该省（自治区、直辖市）经济持续发展和人口集聚的核心区域；是转变传统的工业化和城镇化模式、把提高增长质量和效益放在首位的区域；是需要显著改善生态环境质量、减轻资源环境压力的区域。

2. 省级重点开发区域

省级重点开发区域是指该省（自治区、直辖市）资源环境承载能力较强、集聚经济和人口条件较好的区域。这类区域通常具有一定的城镇化和工业化基础，至少有一个省级区域性的中心城市。

省级重点开发区域是未来该省（自治区、直辖市）工业化和城镇化的重点区域，也是承接限制开发和禁止开发区域的人口转移、支撑经济发展和人口集聚的重要空间载体。

3. 省级限制开发区域

省级限制开发区域分为两种类型：一是生态地区，指资源环境承载能力较弱或生态环境恶化问题严峻，或在本省（自治区、直辖市）具有较高生态功能价值的区域；二是农业地区，指在本省（自治区、直辖市）具有较大粮食安全保障意义的区域。

省级限制开发区域是今后需要加强生态修复、环境保护和农业基地建设的区域，是以服务业为重点、适度发展与限制开发区域功能不冲突的工业经济、并引导超载人口逐步有序转移的区域。主要包括生态本底脆弱的区域、具有重要生态服务功能的区域和主要农业地区。

4. 省级禁止开发区域

省级禁止开发区域主要是指依法设立的各类省级自然保护区域、历史文化遗产、重点风景区、森林公园、地质公园和重要水源地等，以及按照主体功能区规划的要求划定的基本农田保护区、蓄滞洪区等。

省级禁止开发区域是今后要实行强制保护、禁止一切对自然生态人为干扰活动的区域，是传承本省（自治区、直辖市）文化遗产、确保本省（自治区、直辖市）生态平衡和自然特色、改善区域生态环境质量、保障粮食安全的核心区域。

第二节　区划指导思想

1. 落实主体功能区规划的总体要求，充分体现以人为本和尊重自然的科学理念，有利于增强区域发展竞争力

省级区划工作要坚持科学发展观，按照全面建设小康社会的新要求，为2020年基本形成主体功能区格局研制基础蓝图。省级区划要以国土空间开发评价为基础，充分考虑生活居住和生产活动对国土空间的要求；要高度重视自然生态系统功能和资源环境承载能力的作用，将保障生态

安全、改善环境质量放在重要位置；要着力引导人口和经济在国土空间上的合理集聚，打造具有全球竞争能力或具有区域带动能力的核心地区。

2. 突出区域的功能特色，有利于实施差异化发展模式，形成有序的国土空间开发结构

在本省（自治区、直辖市）国土开发和区域发展总体战略的指引下，省级区划要遵循"扬长避短、因地制宜"的原则，通过评价和选择工业、农业和生态等不同产品生产的合理区位，确定城市地区、农业地区和生态地区等不同类型的区域。各类主体功能区域的划分，要有利于规范本省（自治区、直辖市）国土开发秩序，规避盲目开发或不合理开发带来的风险，有利于形成资源节约、生态友好、疏密有致的国土开发利用格局。

3. 发挥区划在国土空间规划中的应用价值，注重长远效益、综合效益和整体效益

省级区划是国土空间规划中总体布局和空间结构组织的一种方式。要注重现状评价与远景分析相结合，增强区划的前瞻性和相对稳定性，发挥区划对合理组织未来国土空间开发格局的指导作用。要统筹协调不同部门、不同地区在国土资源开发和国土空间利用中的利益冲突和发展需求，努力实现经济效益、社会效益和生态效益的统一。

4. 重视区划过程的科学性和区划结果的可操作性，确保区划方案是合理的、有用的

要以解决本省（自治区、直辖市）国土空间开发利用中的重大问题为导向，以科学评价国土空间为基础。要在区域发展理论和空间结构演变规律的指导下，遵循统一、规范的区划方法和技术流程，注意科学性与可操作性的结合。

第三节 区 划 原 则

1）目标导向原则。确定省级优化、重点、限制和禁止开发区域，必须符合国家有关文件和《全国主体功能区规划（2008—2020 年）》（讨论稿）对不同类型主体功能区内涵的界定。

2）规范操作原则。划分省级主体功能区，应当严格执行本技术规程对技术流程、主要方法、技术标准等的基本规定。对可弹性操作的有关内容，应充分体现各省（自治区、直辖市）的差异性特点，但弹性幅度应限定在本技术规程列出的范围内。

3）结构合理原则。省级各类主体功能区占全省国土空间的比例应当适宜，尽量避免重点开发区域范围过大、限制开发区域范围偏小等取向；省级各类主体功能区的开发强度、人口分布比例等重要参数应当合理。

4）数据可靠原则。用于划分省级主体功能区的数据来源要权威可靠。在直接借用其他部门的评价结果时，应附上其他部门评价的技术报告。

5）运算准确原则。要求区划过程中所有计算、阈值选择、空间分析等过程合理、方法得当、结果准确。

6）内部均质原则。各个主体功能区域内部应具有发展条件和发展方向的一致性和主体功能的相似性。不同类型主体功能区在发展条件和发展方向上应有较大的差异性。

7）集中连片原则。主体功能区域应当覆盖一定的国土空间范围，尽量保持地域分布上集中连片，一般不以单个县级行政区单元或单个市辖区作为一个主体功能区域。

8）统筹协调原则。各省（自治区、直辖市）主体功能区划要求与国家级主体功能区划、邻省（自治区、直辖市）主体功能区划或海洋功能区划相衔接。

第二章　技 术 流 程

第一节　技术方法准则

根据主体功能区规划的要求，为了科学评价国土空间、合理划分主体功能区，省级区划的技术方法遵循以下准则。

1. "自上而下"与"自下而上"相结合的工作方式与技术路线

划分省级主体功能区的工作，要按照国家的总体部署和技术规程要求进行；省级区划的方案由各省（自治区、直辖市）完成并上报国家，最终合并形成覆盖全部国土空间的全国主体功能区划方案。省级主体功能区划分，既要采用以县（市、区）为基本评价单元，运用聚类方法来形成类型区的技术路线，还应采用基于对全省（自治区、直辖市）国土空间总体格局的认识，运用主导因素方法来划分类型区的技术路线。

2. "技术系统、专家系统、决策系统"共同协作

以研制课题组为主构成的技术系统、以咨询专家为主构成专家系统和以政府部门为主构成的决策系统，应当有机地融合在区划工作的各个阶段。形成的区划方案应是技术系统、专家系统、决策系统共同协作的结果。研制课题组在区划工作的每个重要工作步骤当中，都应及时征求和吸纳专家系统和决策系统的意见，尤其在重要指标和主体功能需要定性判断时，要充分发挥专家系统和决策系统的作用。

3. 以定量方法为主，以定性方法为辅

为了增强国土空间评价和主体功能区划分的客观性，凡是能够采用定量方法的工作步骤，都应力求采用定量方法，包括各种分级标准和重要阈值的选择，以便客观地阐述其数值所表征的内涵与依据。对于难以定量或定性方法更易于解决的问题，可采用定性方法。定量方法所获得的结果，都应具备合理的定性解释。

4. 综合评价方法与主导因素方法并重

在省级区划过程中，要强调运用 10 个指标项的综合评价，来客观识别划分对象的主体功能。划分标准和区划方案应当是 10 个指标项共同作用的结果。同时，还要重视针对优化开发、重点开发、限制开发等不同类型区域，运用反映其成因或特征的若干主导因素，评价划分对象，确定主体功能。当采用综合评价方法与主导因素方法划分的初步结果不一致时，应在方案比较的基础上，通过综合修订，完善区划方案。

5. 刚性规定手段同弹性调控手段的合理运用

应严格遵循国家关于省级区划的相关规定，并按照《全国主体功能区规划》（讨论稿）和本规程确立的技术要求来进行。对于部分县情特殊的地区，其主体功能的确定，也可以通过筛选特征要素的方法进行"一票否决"。各省（自治区、直辖市）应结合省情特征，合理利用本规程在指标项构成要素选择、评价分级和区划阈值确定等方面提供的弹性空间。

6. 完整采用主要区划方法，积极尝试辅助区划方法

各省（自治区、直辖市）在划分省级主体功能区时，都要完整地采用本技术规程要求的主要区划方法。可以采用或部分采用本技术规划推荐使用的辅助区划方法，也可以自由选择其他辅助方法。

7. 纵向协调与横向协调同步进行

省级区划工作，要高度重视与国家主体功能区划、相邻省（自治区、直辖市）主体功能区划的协调，重视与海洋功能区划的协调。尽可能在区划技术路线实施的重要环节，加强与国家和相邻省（自治区、直辖市）的沟通与衔接，以利于省际区划方案的整合与集成。

第二节　技术流程

省级区划的技术流程主要包括以下几个步骤（图2-1）：

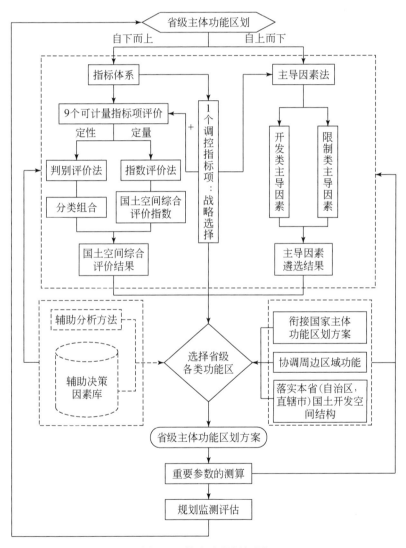

图2-1　技术流程框架图

1）依据国家主体功能区划分的指标体系，对其中9个可计量的指标项进行计算，对本省（自治区、直辖市）的国土空间进行评价。

2）在单项指标评价的基础上，形成覆盖全省域国土空间综合评价的指数。基于综合评价结果，归纳国土空间开发类型；与此同时，使用主导因素法自上而下的遴选省级各类功能区。

3）结合国土空间综合评价结果以及主导因素遴选结果，划分主体功能类型，提出备选区划方案。

4）通过辅助分析方法，辅助修订区划方案的边界，对国土空间评价以及主导因素选择过程进行检验。

5）综合集成多种分析方法，在与国家主体功能区划方案相衔接、与相邻省（自治区、直辖市）区域功能相衔接、落实本省（自治区、直辖市）国土开发空间结构的原则下，确定本省（自治区、直辖市）的区划方案。同时对一些重要的参数进行测算，根据反馈结果对区划过程和方案进行优化。

6）落实规划监测评估实施的技术准备工作。

第三节　区划的基本要求

1）省级主体功能区原则上划分为优化开发区域、重点开发区域、限制开发区域和禁止开发区域4类，根据多种分析方法难以划分出优化开发区域，亦可缺失优化开发区域，但必须有限制开发和禁止开发区域。限制开发区域必须区分为农业地区和生态地区。

2）省级主体功能区划要承接国家主体功能区划分的结果，辖区内国家层面的4类主体功能区，必须确定为相同类型的区域，不得改变为其他类型区域。根据国家提出的国家优化开发和重点开发区域的大致范围和空间结构，确定辖区内国家优化开发和重点开发区域的范围和面积。

3）省级主体功能区划必须覆盖本省治权所辖全部陆地国土空间，

对国家主体功能区未覆盖的国土空间进行划分。

4）省级主体功能区划单项指标项评价和等级划分的阈值、空间分析的主要参数、集成的权重等可以结合本省（自治区、直辖市）实际进行调整，国家根据科学原理以及各地实际情况对调整进行必要的指导。

5）要把握好4类主体功能区占辖区总面积的比例。优化开发和重点开发区域的面积比例要有所控制，不能过大；限制开发区域的面积比例不能过小。国家根据综合评价的结果，尽可能给出不同类型省（自治区、直辖市）重点开发区域和限制开发区域面积比例的参考取值范围。

6）省级主体功能区的划分要实现空间结构优化的目的，优化开发和重点开发区域应相对集中分布，避免布局过于分散；限制开发的生态地区要尽量与自然地理格局相一致，避免破碎化；限制开发的农业地区要与本省（自治区、直辖市）的农业发展格局相协调。

7）省级主体功能区划的划分基本单元为县级行政区。基本评价单元一般为县级行政区，按照规程要求，部分指标应以公里网格为单元。因资料来源所限，个别指标项的数据尺度也可以是地市级行政单元。对自然条件和发展水平差异性大，或有细化必要的省（自治区、直辖市），可以采用乡级行政区或自然地理界限作为基本评价单元，也可以考虑个别指标项或在局部区域分析时采用公里网格单元。但以上所有的评价过程，最终必须集成为以县级行政区为基础评价结果和区划方案。

8）提交的省级主体功能区划方案中，优化开发区域和重点开发区域以及限制开发的农业地区须是以县级行政区为基本单元的区划方案；限制开发的生态地区既要有以县级行政区为基本单元的区划方案，也要有以自然地理界线等实体地域划分的方案；禁止开发区域须是以实体地域划分的方案，面积过小的禁止开发区域可以点状分布的形式表达，并加以名录附注。

第三章　指标项与单项指标评价

第一节　指标项及其含义

省级主体功能区划采用全国统一的指标体系，评价指标项是本着名称易懂、概念清晰、体系结构均衡的要求筛选的，包括 10 个指标项。其中，9 个是可计量指标项，分别为可利用土地资源、可利用水资源、环境容量、生态系统脆弱性、生态重要性、自然灾害危险性、人口集聚度、经济发展水平、交通优势度；另外 1 个为调控指标项，即战略选择。每个指标项功能及含义见表 3-1。

表 3-1　主体功能区划指标项功能与含义

序号	指标项	功能	含义
1	可利用土地资源	评价一个地区剩余或潜在可利用土地资源对未来人口集聚、工业化和城镇化发展的承载能力	由后备适宜建设用地的数量、质量、集中规模 3 个要素构成。具体通过人均可利用土地资源或可利用土地资源来反映
2	可利用水资源	评价一个地区剩余或潜在可利用水资源对未来社会经济发展的支撑能力	由水资源丰度、可利用数量及利用潜力 3 个要素构成。具体通过人均可利用水资源潜力数量来反映
3	环境容量	评估一个地区在生态环境不受危害前提下可容纳污染物的能力	由大气环境容量承载指数、水环境容量承载指数和综合环境容量承载指数 3 个要素构成。具体通过大气和水环境对典型污染物的容纳能力来反映

序号	指标项	功能	含义
4	生态系统脆弱性	表征我国全国或区域尺度生态环境脆弱程度的集成性指标	由沙漠化、土壤侵蚀、石漠化3个要素构成。具体通过沙漠化脆弱性、土壤侵蚀脆弱性、石漠化脆弱性等级指标来反映
5	生态重要性	表征我国全国或区域尺度生态系统结构、功能重要程度的综合性指标	由水源涵养重要性、土壤保持重要性、防风固沙重要性、生物多样性维护重要性、特殊生态系统重要性5个要素构成。具体通过这5个要素重要程度指标来反映
6	自然灾害危险性	评估特定区域自然灾害发生的可能性和灾害损失的严重性而设计的指标	由洪水灾害危险性、地质灾害危险性、地震灾害危险性、热带风暴潮灾害危险性4个要素构成。具体通过这4个要素灾害危险程度来反映
7	人口集聚度	评估一个地区现有人口集聚状态而设计的一个集成性指标项	由人口密度和人口流动强度两个要素构成。具体通过采用县域人口密度和吸纳流动人口的规模来反映
8	经济发展水平	刻画一个地区经济发展现状和增长活力的一个综合性指标	由人均地区GDP和地区GDP的增长比率两个要素构成。具体通过县域人均GDP规模和GDP增长率来反映
9	交通优势度	为评估一个地区现有通达水平而设计的一个集成性评价指标项	由公路网密度、交通干线的拥有性或空间影响范围和与中心城市的交通距离3个指标构成
10	战略选择	评估一个地区发展的政策背景和战略选择的差异	

　　每项指标在确定优化开发、重点开发区域以及限制开发的农业地区、生态地区中均有不同的取值序列。取值原则见表3-2。

表3-2　确定各类主体功能区的指标项取值原则

序号	指标项	主体功能区			
		优化开发区域	重点开发区域	限制开发的农业地区	限制开发的生态地区
1	可利用土地资源	+	++	+++	+++
2	可利用水资源	++	++	+++	+++
3	环境容量	+	++	+++	+++
4	生态系统脆弱性	+	+	+++	++++
5	生态重要性	+	+	+++	++++
6	自然灾害危险性	−	−	−	−
7	人口集聚度	++++	+++	++	+
8	经济发展水平	++++	+++	++	+
9	交通优势度	++++	+++	++	++
10	战略选择	−	−	−	−

注："+"数量代表该指标在不同类别主体功能区的取值高低，"−"代表取值高低不确定

第二节　指标项的算法及其评价

1. 可利用土地资源

（1）计算方法

$$[人均可利用土地资源]=[可利用土地资源]/[常住人口] \quad (3.1)$$

$$[可利用土地资源]=[适宜建设用地面积]-[已有建设用地面积] \\ -[基本农田面积] \quad (3.2)$$

$$[适宜建设用地面积]=（[坡度]\cap[高程]） \\ -[所含河湖库等水域面积] \\ -[所含林草地面积] \\ -[所含沙漠戈壁面积] \quad (3.3)$$

[已有建设用地面积]＝[城镇用地面积]＋[农村居民点用地面积]

$\qquad$ ＋[独立工矿用地面积]＋[交通用地面积]

$\qquad$ ＋[特殊用地面积]＋[水利设施建设用地面积]

$$(3.4)$$

[基本农田面积]＝[适宜建设用地面积内的耕地面积]×β (3.5)

式中，β 的取值为 [0.8, 1)。

（2）计算技术流程

1）图件制备。计算可利用土地资源需要的图件包括数字地形图、土地利用现状图、县级行政区划图。地图比例尺可据研究地域范围而定，省级尺度一般可采用 1∶25 万，县级尺度可采用 1∶10 万或 1∶5 万。数字地形图先生成栅格图（grid 格式：栅格大小可据实际情况确定）；以栅格图为底图，按＜500m、500～1000m、1000～2000m、2000～3000m、＞3000m 提取生成高程分级图，并将其转换为矢量图（coverage 格式）；以栅格图为底图，按＜3°、3～8°、8～15°、15～25°、＞25°生成提取坡度分级图，也将其转换为矢量图（coverage 格式）。

2）图形匹配与叠加。先以数字地形图或土地利用图为基准图，将其他图进行投影转换，再对每幅图进行修边，最后将所有已匹配、修边的图叠加在一起，生成一幅复合图，供数据提取和空间分析之用。

3）数据提取与空间分析。以叠加复合图为基础，按指标计算方法的要求和所需参量进行分县数据的提取和计算。按指标计算方法计算可利用土地资源，进行丰度分级：丰富、较丰富、中等、较缺乏、缺乏。此外，空间分异图制作、显示以及开展必要的空间分析也都将以叠加复合图为数据源。

（3）指标项评价

1）总体评价。评价可利用土地资源的数量结构、质量特征和空间分布，以及未来可利用土地资源潜力。阐明区域土地资源严重紧缺问题及其成因，对土地资源供需矛盾尖锐地区进行解释。编制可利用土地资源分级类型图。

2）单要素评价。概括并评价后备适宜建设用地的数量、质量及空间分布特征和丰度；评价目前已建设用地数量、构成，以及各类建设用地空间分布格局及存在问题等。编制适宜建设用地、已有建设用地评价图和基本农田分布图。

【补充说明】

• 地图比例尺的选择。一般省（自治区、直辖市）地图的比例尺为1：25万。新疆、内蒙古等面积较大的省（自治区、直辖市）的比例尺可采用1：50万；北京、天津、上海、海南、宁夏等面积较小的省（自治区、直辖市）可采用1：10万或1：5万。

• 土地利用现状图。建议使用已实施完成的第二次全国土地调查成果图，若无此成果，可以直接利用国家主体功能区规划项目组提供的可利用土地资源分县数据（数据年份为2005年）。

• 高程分级问题。各省（自治区、直辖市）可以根据本地情况制定分级标准，如以平原、低山和丘陵为主的省（自治区、直辖市），可以对1000m或500m以下的高程再进行细分。

• 坡度分级问题。原则上，各省（自治区、直辖市）应采用国家已设定的分级标准，但对于如重庆等自然条件比较特殊的省（自治区、直辖市），可以设定适合本地特点的坡度分级标准。

• 公式（3.3）中"（［坡度］∩［高程]）"的选算条件问题。各省（自治区、直辖市）宜以国家级的选算条件为基础，结合本省（自治区、直辖市）高程、坡度分级标准进行适当调整。国家级的选算条件为：按高程低于2000m对应坡度取值小于15°、高程在2000～3000m对应坡度取值小于8°、高程在3000m以上对应坡度值小于3°提取计算出全国分县各土地利用类型面积。

• 公式（3.3）中"［所含林草地面积]"的计算问题。国家级计算中采取的方法是将符合选算条件的"所含林草地面积"全部扣除，建议内蒙古、新疆、青海和西藏等省（自治区、直辖市）的"所含草地面积"按80%~90%的比例扣除。

● 公式（3.5）中的β取值问题。应根据国土部门划定的基本农田的分布格局设定，β一般都应大于0.8。国家级主体功能区划计算中的β取值为0.85。

● 可利用土地资源的指标量化表达问题。可被选用的指标有人均可利用土地资源面积、可利用土地资源总量或将两者结合使用。在实际应用中3个指标都存在一定的不足：人均可利用土地资源不利于反映土地的总量特征；可利用土地资源总量存在因行政区面积差异悬殊导致的不合理因素；将两者结合使用，理念上是合理的，但存在如何有效结合成一个指标的问题，且合成指标又缺乏明确的物理意义。各省（自治区、直辖市）可根据本地特点，选取不同指标对可利用土地资源丰度进行分级和评价。

● 可利用土地资源分级阈值问题。在国家级的可利用土地资源分级评价中，人均可利用土地资源面积和可利用土地资源总量的分级阈值如表3-3。各省（自治区、直辖市）可参考该分级标准，对各阈值进行适当调整。

表3-3　国家级可利用土地资源分级标准

	人均可利用土地资源面积（亩/人）	可利用土地资源面积（km^2）
丰富	>2	>320
较丰富	0.8~2	150~320
中等	0.3~0.8	100~150
较缺乏	0.1~0.3	50~100
缺乏	<0.1	<50

注：1亩≈666.7m^2

2. 可利用水资源

（1）计算方法

$$[人均可利用水资源潜力]=[可利用水资源潜力]/[常住人口]$$

$$(3.6)$$

$$\begin{aligned}[可利用水资源潜力]=&[本地可开发利用水资源量]\\&-[已开发利用水资源量]\\&+[可开发利用入境水资源量]\end{aligned}$$

$$(3.7)$$

$$\begin{aligned}[本地可开发利用水资源量]=&[地表水可利用量]\\&+[地下水可利用量]\end{aligned} \quad (3.8)$$

$$\begin{aligned}[地表水可利用量]=&[多年平均地表水资源量]-[河道生态需水量]\\&-[不可控制的洪水量]\end{aligned} \quad (3.9)$$

$$\begin{aligned}[地下水可利用量]=&[与地表水不重复的地下水资源量]\\&-[地下水系统生态需水量]\\&-[无法利用的地下水量]\end{aligned} \quad (3.10)$$

$$\begin{aligned}[已开发利用水资源量]=&[农业用水量]+[工业用水量]\\&+[生活用水量]+[生态用水量]\end{aligned}$$

$$(3.11)$$

$$[入境可开发利用水资源潜力]=[现状入境水资源量]\times\gamma$$

$$(3.12)$$

公式（3.12）中的 γ 分流域片取值为 $0\sim5\%$。

（2）计算技术流程

1）计算可开发利用水资源。采集各县级行政单元 1956～2000 年多年平均水资源量；根据各河流水文和生态特征，按照水资源评价技术大纲，计算河道生态需水和不可控制洪水量，最后得出地表水可利用量；采集各县级行政单元 1956～2000 年多年平均地下水资源量；根据各水文地质单元的水文特征，计算地下水系统生态需水量和无法利用的地下水量，最后得出地表水可利用量；将地表水可利用量和地下水可利用量相加得到本地可开发利用水资源量。

2）采集各县级行政单元 2005 年农业、工业、居民生活、城镇公共的实际用水量和生态用水量，计算已开发利用水资源量。

3）采集计算区域河流上游临近水文站近 10 年实测的平均年流量数据作为多年平均入境水资源量（在不具备相应数据条件的地区，可用 2005 年实测数据代替）。并根据 γ 值计算入境可开发利用水资源潜力。

4）根据公式（3.6）和公式（3.7）计算可利用水资源潜力和人均可利用水资源潜力，并划分为丰富、较丰富、中等、较缺乏和缺乏 5 个等级。

【补充说明】

• 指标选择。西部人口稀少的省（自治区、直辖市）可利用地均可利用水资源潜力指标进行评价。

• 农业用水量。农业用水量为大农业用水，即包括农、林、牧、副、渔业在内。

• 公式（3.12）中 γ 值。各省（自治区、直辖市）可在取值范围内选择适用于本省（自治区、直辖市）的数值。国家主体功能区划中，南方地区长江、东南诸河、珠江、西南诸河四大流域片取 5%，北方地区松花江、辽河、海河、黄河、淮河及内陆河流域片取 0，各省（自治区、直辖市）可予以参考。

• 可利用入境水量。各省（自治区、直辖市）可利用入境水量的总和要进行控制，不能过大，以防止出现结果不合理和挤占河流生态用水的现象。

• 水资源可利用量数据来源。水资源可利用量可直接利用各省（自治区、直辖市）近期完成的第二次水资源综合评价（1956～2000 年系列）成果数据，也可直接使用国家的评价结果。

• 分县水资源量计算。分县水资源量可根据三级或以下流域水资源量进行转换获得，国家主体功能区划中的分县水资源量是由三级流域水资源量转换所得。

● 公式（3.7）计算中应注意的问题。有调入和调出水量的省（自治区、直辖市），在用公式（3.7）计算和评价水资源可利用潜力时应将调入量与调出量考虑在内。

● 分级阈值。表3-4是国家级的分级标准，各省（自治区、直辖市）可依据实际情况，通过调整国家级分级阈值制定适合本省（自治区、直辖市）的分级标准。

表3-4　国家级人均水资源潜力分级标准

分级	人均水资源潜力（m³）
丰富	>3000
较丰富	1500~3000
中等	1000~1500
较缺乏	500~1000
缺乏	<500

● 评价单元。县域面积较大的西部省（自治区、直辖市），可以乡镇为单元进行评价，但最后应归纳到县级单元。

● 补充评价指标。对水质污染严重的省（自治区、直辖市），可考虑增加对水质的评价指标；对地下水超采的省（自治区、直辖市），可考虑增加地下水超采和地下水漏斗情况的评价指标。

● 其他成果应用。各省（自治区、直辖市）若有近期的权威性水资源评价结果，可直接应用，但应转换为以县级行政区为单元的5级评价，并附技术报告。

3. 环境容量

（1）计算方法

$$[环境容量] = \max\{[大气环境容量（SO_2）], [水环境容量（COD）]\}$$

$$(3.13)$$

a. 大气环境容量的计算

$$[大气环境容量（SO_2）] = A \cdot (C_{ki} - C_0) \cdot S_i / \sqrt{S} \qquad (3.14)$$

式中，A 为地理区域总量控制系数，$10^4 \, \mathrm{km}^2$。根据评价区域的地理位置，A 值的选择根据《制定地方大气污染物排放标准的技术方法》（GB/T 13201—91）确定。对于区域总量控制系数 A 的具体数值，按照公式 $A = A_{\min} + 0.1 \times (A_{\max} - A_{\min})$ 确定（表3-5）。C_{ki} 为国家或者地方关于大气环境质量标准中所规定的和第 i 功能区类别一致的相应的年日平均浓度，$\mathrm{mg/m}^3$。C_0 为背景浓度，$\mathrm{mg/m}^3$。在有清洁监测点的区域，以该点的监测数据为污染物的背景浓度 C_0，在无条件的区域，背景浓度 C_0 可以假设为 0。S_i 为第 i 功能区面积，km^2；S 为总量控制总面积，km^2。本规程总量控制总面积为评价单元的建成区面积。

表 3-5 我国各地区总量控制系数 A 值

地区序号	省（自治区、直辖市）	A 值范围	建议 A 值
1	新疆、西藏、青海	7.0~8.4	7.14
2	黑龙江、吉林、辽宁、内蒙古（阴山以北）	5.6~7.0	5.74
3	北京、天津、河北、河南、山东	4.2~5.6	4.34
4	内蒙古（阴山以南）、山西、陕西（秦岭以北）、宁夏、甘肃（渭河以北）	3.5~4.9	3.64
5	上海、广东、广西、湖南、湖北、江苏、浙江、安徽、海南、福建、江西	3.5~4.9	3.64
6	云南、贵州、四川、甘肃（渭河以南）、陕西（秦岭以南）	2.8~4.2	2.94
7	静风区（年平均风速小于 1m/s）	1.4~2.8	1.54

注：不含香港、澳门和台湾地区

b. 水环境容量的计算

$$[水环境容量] = Q_i (C_i - C_{i_0}) + kC_i Q_i \qquad (3.15)$$

式中，C_i 为第 i 功能区的目标浓度；在重要的水源涵养区，采用地表水一级标准，为 15mg/L；在一般地区采用地表水三级标准，为 20mg/L。C_{i_0} 为第 i 种污染物的本底浓度。无监测条件的区域，该参数可以假设为 0。Q_i 为第 i 功能区的可利用地表水资源量。k 为污染物综合降解系数。根据一般河道水质降解系数参考值，选定 COD 的综合降解系数为 0.20 （1/d）。

c. 承载能力的计算

对于特定污染物的环境容量承载能力指数 a_i：

$$a_i = \frac{P_i - G_i}{G_i} \tag{3.16}$$

式中，G_i 为 i 污染物的环境容量；P_i 为 i 污染物的排放量。

（2）计算技术流程

按照数值的自然分布规律，对单因素环境容量承载指数 （a_i） 进行等级划分，分别是无超载 （$a_i \leq 0$）、轻度超载 （$0 < a_i \leq 1$）、中度超载 （$1 < a_i \leq 2$）、重度超载 （$2 < a_i \leq 3$） 和极超载 （$a_i > 3$）。

将主要污染物 （SO$_2$，COD） 的承载等级分布图进行空间叠加，取两者中最高的等级为综合评价的等级，最后的等级分为 5 级，具体的级别与单因素环境容量评价相同。

（3）指标项评价

总体评价。针对本区域的环境污染特点，分析区域环境容量承载特征与空间分异特征，评价环境问题的现状与趋势。阐明区域环境容量超载问题及其成因，突出环境容量超载严重地区的重点问题，并对污染物排放量低，但环境容量超载的异常区域进行解释。编制环境容量评价图。

单要素评价。对主要污染物 SO$_2$ 和 COD 进行单要素评价，编制上述两种污染物的排放量评价图，以及大气和水环境容量承载评价等单要素图。

【补充说明】

• 由于各省（自治区、直辖市）的污染形势及面临的环境问题不一样，环境监测和管理水平也不尽相同。因此在省级主体功能区环境容量指标项的评价中，采用统一格式，分类指导的原则。

• 数据说明。全国主体功能区环境容量的评价是在 1：100 万基础图件的基础上进行的，各省（自治区、直辖市）可以根据实际情况，对阈值进行调整，以反映该省（自治区、直辖市）环境容量承载状况的差异性与整体格局特征；或者收集适合该省（自治区、直辖市）评价尺度的数据，根据本准则重新评价。

• 评价要素。省级主体功能区环境容量的评价以 SO_2 和 COD 这两类污染物为主，如果掌握除这两类污染物外的某种典型污染物的排放和监测资料，可以对其进行环境容量评价，但该污染物环境容量的计算要采用国家标准、地方标准或者行业规范。

• 计算方法。评价中所采用的功能区应以环境质量为基础，各省（自治区、直辖市）可以对县域的环境质量功能区进行进一步细化，对不同的环境质量功能区采用对应的环境标准。但最终的评价结果要以县域为基本单元。

• 评价等级与阈值设定。根据本省（自治区、直辖市）的环境本底状况和产业布局情况，可以对单要素评价承载等级指数阈值进行设定，最终等级仍为 5 级，指数≤0 为无超载，其他 4 个等级（即轻度超载、中度超载、重度超载和极超载）可以根据具体情况而进行调整。对多个单要素承载等级进行的叠加分析时，选取单要素的最高等级作为综合污染物评价的承载等级，最终等级仍为 5 级。

• 其他成果的应用。如果当地环境保护部门已开展相应污染物环境容量的测算工作，可以与本研究进行比对分析、综合应用。环境容量的结果可以按照公式（3.13）进行承载能力的计算，并进行 5 个等级的划分；如果承载能力已经相应的成果，可以直接采用，但也必须进行 5 个等级的划分。相关成果必须作为附件列出，并加以具体说明。

- 辅助性评价。对于存在区域性环境污染问题的省市，可以增加辅助性评价，通过结合该区域的污染状况来进行环境承载能力评价，如在酸雨污染严重地区可考虑酸雨污染状况评价，在富营养化严重地区可考虑水体污染状况评价等。

4. 生态系统脆弱性

（1）计算方法

$$[生态系统脆弱性] = \max\{[沙漠化脆弱性], [土壤侵蚀脆弱性],$$
$$[石漠化脆弱性], [土壤盐渍化脆弱性], \cdots\}$$

$$(3.17)$$

沙漠化脆弱性分级标准见表 3-6。

表 3-6 沙漠化脆弱性分级

沙漠化程度	脆弱性等级
极重度沙漠化土地	脆弱
重度沙漠化土地	较脆弱
中度沙漠化土地	一般脆弱
轻度沙漠化土地	略脆弱
潜在沙漠化土地	不脆弱

土壤侵蚀脆弱性分级标准见表 3-7 ~ 表 3-9。

表 3-7 水力侵蚀类型区土壤容许流失量

类型区	土壤容许流失量 [t/(km² · a)]
西北黄土高原区	1000
东北黑土区	200

续表

类型区	土壤容许流失量 [t/（km²·a）]
北方土石山区	200
南方红壤丘陵区	500
西南土石山区	500

表 3-8　水力侵蚀脆弱性分级

级别	平均侵蚀模数 [t/（km²·a）]	平均流失厚度 [mm/a]	脆弱性等级
剧烈	>15 000	>11.1	脆弱
极强度	8 000 ~ 15 000	5.9 ~ 11.1	脆弱
强度	5 000 ~ 8 000	3.7 ~ 5.9	较脆弱
中度	2 500 ~ 5 000	1.9 ~ 3.7	一般脆弱
轻度	200, 500, 1 000 ~ 2 500	0.15, 0.37, 0.74 ~ 1.9	略脆弱
微度	<200, 500, 1 000	<0.15, 0.37, 0.74	不脆弱

表 3-9　风力侵蚀脆弱性分级

级别	床面形态（地表形态）	植被覆盖度（%）（非流动沙丘面积）	风蚀厚度 [mm/a]	侵蚀模数 [t/（km²·a）]	脆弱性等级
剧烈	大片流动沙丘	<10	>100	>15 000	脆弱
极强度	流动沙丘，沙地	<10	50 ~ 100	8 000 ~ 15 000	较脆弱
强度	半固定沙丘，流动沙丘，沙地	30 ~ 10	25 ~ 50	5 000 ~ 8 000	一般脆弱
中度	半固定沙丘，沙地	50 ~ 30	10 ~ 25	2 500 ~ 5 000	略脆弱
轻度	固定沙丘，半固定沙丘，沙地	70 ~ 50	2 ~ 10	200 ~ 2 500	不脆弱
微度	固定沙丘，沙地和滩地	>70	<2	<200	不脆弱

石漠化脆弱性分级标准见表 3-10。

表 3-10 石漠化脆弱性分级

石漠化强度等级	基岩裸露（%）	土被覆盖（%）	坡度（°）	植被+土被覆盖（%）	平均土厚（cm）	脆弱性等级
极强度石漠化	>90	<5	>30	<10	<3	脆弱
强度石漠化	>80	<10	>25	10～20	<5	较脆弱
中度石漠化	>70	<20	>22	20～35	<10	一般脆弱
轻度石漠化	>60	<30	>18	35～50	<15	略脆弱
潜在石漠化	>40	<60	>15	50～70	15～20	略脆弱
无明显石漠化	<40	>60	<15	>70	>20	不脆弱

（2）计算技术流程

1）生态环境问题单因子脆弱性分级。采用公里网格的沙漠化脆弱性分级、土壤侵蚀脆弱性分级、石漠化脆弱性分级数据，根据沙漠化、土壤侵蚀、石漠化脆弱性分级标准，实现生态环境问题脆弱性单因子分级。

2）生态环境问题因子素复合。对分级的生态环境问题单因子图进行复合，判断脆弱生态系统出现的公里网格生态系统脆弱类型是单一型还是复合型生态系统脆弱类型。

3）生态系统脆弱性程度确定。对单一型生态系统脆弱类型区域，根据其生态环境问题脆弱性程度确定生态系统脆弱性程度；对复合型生态系统脆弱类型，采用最大限制因素法确定影响生态系统脆弱性的主导因素，根据主导因素的生态环境问题脆弱性程度确定生态系统脆弱性程度。

4）生态系统脆弱性分级。对公里网格的生态系统脆弱性程度分析结果，采用区域综合方法、主导因素方法、类型归并方法等，确定区域生态系统脆弱性，生态系统脆弱性程度划分为脆弱、较脆弱、一般脆弱、略脆弱、不脆弱5级。

（3）指标项评价

总体评价。分析评价生态系统脆弱性的类型、集中分布区、空间分异特征，突出生态系统严重脆弱区域的重点问题，分析产生生态系统脆弱的原因。编制生态系统脆弱性评价图。

单因子评价。分析评价沙漠化脆弱性、土壤侵蚀脆弱性、石漠化脆弱性的分级分布特征、脆弱和较脆弱区域分布特征。编制沙漠化脆弱性、土壤侵蚀脆弱性、石漠化脆弱性评价图。

从自然评价到县域评价转化。依据自然评价的结果，采用自然评价结果的等级与面积的乘积之和，除以县域总面积，得到县域的评价结果。

【补充说明】

• 指标构成因子的选择。对公式（3.17）中评价指标因子的构成，可以根据影响本省（自治区、直辖市）的生态脆弱问题进行选择或增减，如在我国北方地区，可不考虑石漠化的影响，南方地区则可不考虑沙漠化的影响，西北、华北等地区可考虑土壤盐渍化脆弱性，华中、华北和华南等受酸雨影响严重的区域，可考虑土壤酸化脆弱性等因子。

• 评价基础数据。①各省（自治区、直辖市）可据自身情况，采用相关研究成果、遥感数据或其他相关资料，采用的基础评价数据能够反映区域生态脆弱性的差异与整体格局特征。对于已经开展了沙漠化、土壤侵蚀或石漠化等方面研究的省（自治区、直辖市），可运用这些研究成果。②根据本省（自治区、直辖市）情况增加的因子，须具有科学性，最宜来自于国家标准（或地方标准、行业规范），或采用获得公认的、权威的科研成果。增加的评价因子要说明资料出处，并提供相应的附件。③在数据空间精度方面可根据区域的资料情况进行收集和整理，不局限于1km栅格的数据。对于具有更高精度数据的省（自治区、直辖市）可采用高精度数据进行生态脆弱性因子评价，部分省（自治区、直辖市）也可开展以乡为行政单位的评价，但并非所有评价因子均到乡级，可根据数据精度进行部分因子的乡级评价。④有些省（自治区、直辖市）生态脆弱性状况与我国总体生态系统脆弱性较为一致，可在全国生态系统脆弱性评价结果的基础作适当的修正。

• 评价因子分级。①本规程原则规定省级生态系统脆弱性评价为5级，考虑到国家层面上的指标分级可能难以反映省级尺度上的空间差异，各省（自治区、直辖市）可参照本规程的分级标准，结合地方实际进行评价因子脆弱性等级划分。例如，表3-8中对于土壤侵蚀严重的省（自治区、直辖市），可以将"级别"中的"剧烈"及"极强度"、"强度"分别划分为"脆弱"、"较脆弱"，而对其他"级别"进行相应调整，而对土壤侵蚀较弱的地区，可以根据省（自治区、直辖市）的土壤侵蚀量的范围，进行升级处理，并重新划分为5个级别。②对于采用相关研究成果或者增加了评价因子的省（自治区、直辖市），应按照规程的要求，将生态系统脆弱性级别的划分标准定为5级。部分省（自治区、直辖市）增加了盐渍化的评价因子，应根据相关科学研究的分级标准，将盐渍化的脆弱性级别划分为5级。

• 指标的综合。在进行指标综合评价过程中，应注意把握全省（自治区、直辖市）的生态系统脆弱性总体格局，了解全国生态系统脆弱性分布趋势，进而确定省级生态系统脆弱性因子的权重。例如，对于土壤侵蚀因子在全国尺度评价中，对风力侵蚀的级别进行了降级处理。

• 评价单元。行政单元的评价结果以县域为基本单元，对于以乡为行政单元进行评价的省（自治区、直辖市），可以参考本规程的方法，将评价结果转化为以县为单位的脆弱性评价结果。

5. 生态重要性

（1）计算方法

$$[生态重要性] = \max\{[水源涵养重要性], [土壤保持重要性],$$
$$[防风固沙重要性], [生物多样性维护重要性] \cdots\}$$

$$(3.18)$$

水源涵养重要性评价见表3-11。

表3-11 生态系统水源涵养重要性评价

流域级别	生态系统类型	重要性
一级流域	森林、湿地/草原草甸/荒漠	高/较高/中等
二级流域	森林、湿地/草原草甸/荒漠	较高/中等/较低
三级流域	森林、湿地/草原草甸荒漠	中等/较低/低

土壤保持重要性评价见表3-12。

表3-12 生态系统土壤保持重要性评价

生态系统类型	土壤侵蚀程度	土壤保持重要性
	剧烈	高
森林生态系统	极强度	高
草原生态系统	强度	较高
草甸生态系统	中度	中等
荒漠生态系统	轻度	较低
	微度	低

防风固沙重要性见表3-13。

表 3-13　生态系统防风固沙重要性评价

生态系统类型	沙漠化程度	防风固沙重要性
森林生态系统 草原生态系统 草甸生态系统 荒漠生态系统 湿地生态系统	半流动沙地	高
	半固定沙地	高
	固定沙地	较高
	流动沙地	中等

生物多样性维护重要性评价见表 3-14。

表 3-14　生物多样性维护重要性评价

生态系统或物种占全省（自治区、直辖市）物种数量比例	重要性
优先生态系统，或物种数量比例> 30%	极重要
物种数量比例 15%~30%	重要
物种数量比例 5%~15%	中等重要
物种数量比例< 5%	不重要

（2）计算技术流程

1）生态重要性单因子分级。采用公里网格的水源涵养重要性、土壤保持重要性、防风固沙重要性、生物多样性维护重要性分级数据，根据生态重要性单因子分级标准，实现生态重要性单因子分级。

2）生态重要性单因子复合。对生态重要性单因子分级图进行复合，判断重要生态系统出现的公里网格生态系统重要类型是单一型还是复合型生态系统重要类型。

3）生态重要性程度确定。对单一型生态重要类型区域，根据其单因子重要性确定生态重要程度；对复合型生态重要类型，采用最大限制因素法确定生态系统重要程度。

4）生态重要性分级确定。对公里网格的生态重要性程度分级结果，采用区域综合方法、主导因素方法、类型归并方法等，进行生态重要分级，生态重要性程度划分为重要性高、重要性较高、重要性中等、重要性较低和重要性。

（3）指标项评价

总体评价。分析评价生态重要性的类型、集中分布区域、空间分异特征，不同生态系统重要性类型区、集中分布区域、空间总体分布特征，重点关注生态重要高和较高的区域。编制生态重要性评价图。

单因子评价。评价水源涵养重要性、土壤保持重要性、防风固沙重要性、生物多样性维护重要性的分级分布特征、重要性高和重要性较高区域分布特征。编制水源涵养重要性、土壤保持重要性、防风固沙重要性、生物多样性维护重要性评价图。

自然评价到县域评价转化。依据自然评价的结果，采用自然评价结果的等级与面积的乘积之和，除以县域总面积，得到县域的评价结果。

【补充说明】

• 指标构成因子选择。对公式（3.18）中评价指标因子的构成，各省（自治区、直辖市）可以根据自身生态系统重要性，进行指标的选择或增减，如在重要江河的下游及其蓄、滞洪区，需考虑防洪调蓄的重要性。在进行省级水源涵养重要性的评价中可从本省（自治区、直辖市）实际出发，考虑河流的级别、城市水源地、工农业重要供水水源及重要水库等因素，确定生态系统水源涵养功能重要性等。

• 评价基础数据。①各省（自治区、直辖市）可据实际情况，采用相关研究成果、遥感数据或其他相关资料，进行省级生态重要性评价，如有些省（自治区、直辖市）已经开展了水源涵养重要性、土壤保持重要性、防风固沙重要性、生物多样性维护重要性等方面的研究，可运用这些研究成果。②根据本省（自治区、直辖市）情况增加的因子，必须具有科学性，最宜来自于国家标准（或地方标准、行业规范），或采用获得公认的、权威的科研成果。增加的评价因子要说明资料出处，并提供相应的附件。③在数据空间精度方面可根据不同省（自治区、直辖市）具体情况开展工作，不局限于 1 公里栅格的数据。

对于具有更高精度数据省（自治区、直辖市）可开展高精度生态重要性因子评价，部分省（自治区、直辖市）可进行以乡为基本行政单元的部分或全部生态重要性因子评价。④对于生态重要性基本格局与全国生态重要性评价较为一致的省（自治区、直辖市），可直接应用全国生态重要性评价结果，并结合本省（自治区、直辖市）实际情况做相应调整。

● 评价因子分级。①本规程原则要求生态重要性因子评价分为5级，各地方可参照本规程的分级标准，结合地方实际进行区域等级的划分。例如，表3-11中对于大江大河较少的省（自治区、直辖市），可将具有重要水源涵养作用的流域级别重要性提升。②对于采用相关研究成果或者增加了评价因子的省（自治区、直辖市），应按照规程的要求，将生态重要性级别划为5级。例如，大江大河防洪调蓄重要性建议采用相关科学分级标准，防洪调蓄重要性级别划分为5级。

● 指标的综合。在进行指标综合时，应注意对全省（自治区、直辖市）以及全国生态重要性分布格局的把握，进而确定省级生态重要性各因子的权重。例如，在全国土壤保持重要性因子的综合过程中主要考虑生态系统对水力侵蚀的土壤保持作用。

● 评价单元。行政单元的评价结果以县域为基本单元，对于以乡为行政单元进行评价的省（自治区、直辖市），可以参考本规程的方法，将评价结果转化为以县为单位的重要性评价结果。

6. 自然灾害危险性

（1）计算方法

$$[自然灾害危险性] = \max\left\{ \begin{array}{l} [洪水灾害危险性]，[地质灾害危险性]， \\ [地震灾害危险性]，[热带风暴潮灾害危险性]， \\ [干旱灾害危险性]，[低温冷冻灾害危险性]， \\ [暴风雪灾害危险性]，\cdots \end{array} \right\} \quad (3.19)$$

洪水灾害危险性评价见表3-15。

表 3-15 洪水灾害危险性评价表

洪水灾害危险程度	洪水灾害危险性
特严重	较大
较严重	略大
中等/较轻/轻	无

地质灾害危险性评价见表 3-16。

表 3-16 地质灾害危险性评价表

地质灾害危害程度	地质灾害危险性
重度	大
中度	较大
较度	略大
微度	无

地震灾害危险性评价见表 3-17。

表 3-17 地震灾害危险性评价表

地震动峰值加速度	地震灾害危险性
≥0.4	极大
0.3	大
0.2	较大
0.1~0.15	略大
0~0.05	无

热带风暴潮灾害危险性评价见表 3-18。

表 3-18 热带风暴潮灾害危险性评价表

危害程度	危险性
热带风暴潮高危区	较大

（2）计算技术流程

1）自然灾害危险性单因子评价。根据洪水灾害、地质灾害、地震灾害、热带风暴潮灾害发生频次及强度等，进行单因子自然灾害危险性评价。

2）自然灾害危险性评价复合。对单因子评价的自然灾害危险性进行区域复合，判断区域自然灾害危险性是单因子作用还是多因子作用。

3）自然灾害危险性程度确定。对单因子作用的自然灾害危险性区域，根据单因子自然灾害危险性结果确定区域自然灾害危险性程度；对多因子综合作用的自然灾害危险性区域，采用最大因子法等确定自然灾害危险性。

4）自然灾害危险性分级确定。对自然灾害危险性评价结果，采用区域综合方法、最大因子方法、类型归并方法等，确定自然灾害危险性分级，自然灾害危险性分为危险性极大、危险性大、危险性较大、危险性略大、无危险性5级。

（3）指标项评价

总体评价。评价主要自然灾害分布特点，分析区域自然灾害危险性的空间分异特征，主要自然灾害的现状与趋势；阐明危险性集中区域主要灾害源，突出高自然灾害危险性地区。编制自然灾害危险性评价图。

单因子评价。评价洪水灾害、地质灾害、地震灾害、热带风暴潮灾害危险性。编制洪水灾害、地质灾害、地震灾害、热带风暴潮灾害危险性评价图。

【补充说明】

• 评价因子的选择。①在国家级主体功能区划中，灾害危险性主要考虑了洪水、地质、地震、热带风暴潮4种灾害的危险性。由于我国自然地域差异较大，各省（自治区、直辖市）存在的自然灾害类型有所不同，对社会经济发展的作用也不尽相同，各省（自治区、直辖市）在自然灾害危险性评价时可根据本省（自治区、直辖市）自然灾害类型特点，选择对本省（自治区、直辖市）社会经济发展有重要限制作用的灾种进行评价。例如，西部省（自治区、直辖市）在评价时不考虑热带风暴潮灾害，而相应考虑暴风雪灾危险性，我国南方部分省（自治区、直辖市）可考虑低温冰冻灾害危险性。②对于增加的自然灾害危险性评价因子，危险性评价标准建议采用相关行业标准、部门标准、已有权威研究成果等，进行自然灾害危险性因子评价，但需标注成果来源，评价因子最宜分为5级。

- 评价数据。①各省（自治区、直辖市）可根据实际情况选择评价数据，如自然灾害危险性分布特征和国家评价结果相似可直接采用国家评价结果，评价阈值可根据本省（自治区、直辖市）自然灾害分布特点做适当调整。②可直接采用对本省（自治区、直辖市）自然灾害危险性评价指标相关因子的公认研究成果或相关数据，能够反映本区域的自然灾害特征。已开展地震灾害或洪水灾害的危险性评价的省（自治区、直辖市）可直接采用此类研究成果。③数据的空间尺度可根据本省（自治区、直辖市）的资料情况进行收集和整理。部分省（自治区、直辖市）有更高精度的数据，可采用更高精度的基础数据进行自然灾害危险性评价；部分省（自治区、直辖市）也可以开展以乡镇为基本行政单元的部分自然灾害危险性因子评价。

- 自然灾害危险性指标综合。①各省（自治区、直辖市）可根据本省自然灾害实际情况，对有关自然灾害危险性因子评价进行升级或降级处理，以反映本省（自治区、直辖市）自然灾害危险性实际分布特征。例如，在进行国家级自然灾害危险性评价时对洪水灾害危险性进行了降级处理。②在进行指标综合评价过程中，在对本省（自治区、直辖市）自然灾害总体格局把握基础上，自然灾害危险性指标综合时对各因子权重可做调整。

● 自然单元到县域的转化。在自然单元到县域的转化时，可采用危险性高的区域占全县面积的比例作为指标来评价，比例的大小可根据本省（自治区、直辖市）的实际情况来确定；也可采用主要影响因子来确定每个县的自然灾害危险性，主要影响因子的选择要依据本省（自治区、直辖市）各灾种的特征来确定。各省（自治区、直辖市）在县域自然灾害危险性等级划分时要充分考虑区域自然灾害危险性的整体格局。

7. 人口集聚度

（1）计算方法

$$[人口集聚度]=f([人口密度]，[人口流动强度]) \quad (3.20)$$

$$[人口密度]=[总人口]/[土地面积] \quad (3.21)$$

$$[人口流动强度]=[暂住人口]/[总人口]×100\% \quad (3.22)$$

[总人口]指各县行政单元的常住人口总数，即按国家第五次全国人口普查统计口径确定的常住人口（包括暂住半年以上的流动人口数）；[暂住人口]指县行政单元内暂住半年以上的流动人口数。

$$[人口集聚度]=[人口密度]×d_{([人口流动强度])} \quad (3.23)$$

式中，$d_{([人口流动强度])}$是县级行政单元的暂住人口占常住总人口的比例状况，按表3-19取选权重值。

表3-19　在不同情境下$d_{([人口流动强度])}$值的赋值

	人口流动强度				
	<5%	5%~10%	10%~20%	20%~30%	>30%
强度权重系数赋值	1	3	5	7	9

（2）计算技术流程

1）计算县级行政地域单元的人口集聚度；

2）在GIS制图软件功能支持下，将"人口集聚度"指标值由高值样本区向低值样本区，依次按样本数的分布频率自然分等。

3）按照人口集聚度高低差异，依次划分为 5 个等级。

（3）指标项评价

总体评价。分析人口密度、城镇化水平及人口流动地区差异，刻画人口集聚程度的空间分异特征以及人口集聚趋势。编制人口集聚度空间评价图。

单要素评价。对人口密度、人口流动强度等单要素进行现状、空间特征评价，补充评价城镇化率、城镇人口的现状和空间特征。编制人口密度分布评价图、人口流动强度评价图，以及城镇化格局评价图和城镇人口分布评价图。

【补充说明】

• 流动人口强度系数选取。国家主体功能区划中采用的数值是 1、3、5、7、9。可以根据本省（自治区、直辖市）流动人口规模及所占比重状况进行调整。人口流动强度较大的省（自治区、直辖市），可以适当缩小，如采用 1、2、3、4、5。

• 人口集聚度 5 级划分的阈值选取。可以根据本省（自治区、直辖市）的评价结果的数值分布状况，调整分级的阈值上限和下限，以凸显作为本省（自治区、直辖市）重点开发地区的核心城市。

• 评价单元的选取。全国是统一采用县级行政单元。各省（自治区、直辖市）可根据实际要求以及相关统计资料获取情况，采用乡镇行政单元。但上报国家的最终评价结果，仍然要求合并成县级行政单元。

• 暂住人口的数量统计。要求按照暂住半年以上的人口来计算。

8. 经济发展水平

（1）计算方法

$$[经济发展水平] = f([人均 GDP]，[GDP 增长率]) \quad (3.24)$$

$$[人均 GDP] = [GDP] / [总人口] \quad (3.25)$$

式中，［GDP］指的是各县级空间单元的地区 GDP 总量。

$$［GDP 增长率］= 1/5（［GDP2005］/［GDP2000］）-1$$

(3.26)

式中，［GDP 增长率］指近 5 年，各县级空间单元的地区 GDP 的增长率。

$$［经济发展水平］=［人口 GDP］\times k_{（［GDP增长强度］）}$$ (3.27)

式中，$k_{（［GDP增长强度］）}$，根据县域单元的 GDP 增长率分级状况，按表 3-20 对应权重取值。

表 3-20　在不同情境下 $k_{（［GDP增长强度］）}$ 值的赋值

项目	经济增长强度				
	< 5%	5%~10%	10%~20%	20%~30%	>30%
强度权重系数赋值	1	1.2	1.3	1.4	1.5

（2）计算技术流程

①计算县级行政地域单元的经济发展水平。②在 GIS 制图软件功能支持下，将经济发展水平指标值由高值样本区向低值样本区，依次按样本数的分布频率自然分等。③按照经济发展水平高低差异，依次划分为 5 个等级。

（3）指标项评价

总体评价。评价全省（自治区、直辖市）不同地区经济发展现状和发展态势，分析全省（自治区、直辖市）经济发展水平的空间差异、特征和成因，刻画处于不同经济发展水平的地区在全省（自治区、直辖市）承载的经济功能和未来发展趋势。编制经济发展水平空间评价图。

单要素评价。对人均 GDP、GDP 增长率等单要素进行评价，分析省（自治区、直辖市）内部人均 GDP 和 GDP 增长的空间差异特征及其成因。编制人均 GDP 分布评价图、GDP 增长态势评价图。

【补充说明】

• 表 3-20 中 $k_{([GDP增长强度])}$ 的赋值可根据本省（自治区、直辖市）的具体情况来确定。对于经济相对发达的省（自治区、直辖市），$k_{([GDP增长强度])}$ 可以适当缩小；对于经济基础相对薄弱、近年来经济发展格局变动较大的省（自治区、直辖市），$k_{([GDP增长强度])}$ 可适当放大。

• GDP 增长率的计算。［GDP 增长率］的计算可延长年份，如可计算近 10 年内的增长率。在计算［GDP 增长率］时，需要把两个年份的 GDP 换算成可比价格。

• 分级标准。经济发展水平等级划分的阈值可根据本省（自治区、直辖市）的具体情况来确定，国家主体功能区划中按频率自然分等划分。

• 评价单元。原则上划分单元以县级为基准，考虑到一些省（自治区、直辖市）内部差异比较复杂，县级单元难以刻画区域差异，可采取乡镇作为基本划分单元，但最后应归纳到县级单元。

• 补充评价指标问题。在经济发展水平等级划分中，根据本省（自治区、直辖市）情况可参考地均 GDP 的变化作为辅助指标。

9. 交通优势度

（1）计算方法

$$［交通优势度］＝［交通网络密度］＋［交通干线影响度］$$
$$＋［区位优势度］ \quad\quad (3.28)$$

$$［交通网络密度］＝［公路通车里程］/［县域面积］ \quad\quad (3.29)$$

$$［交通干线影响度］＝\sum［交通干线技术水平］ \quad\quad (3.30)$$

$$［区位优势度］＝［距中心城市的交通距离］ \quad\quad (3.31)$$

（2）计算技术流程

1）获取国道、省道和县道的公路总里程，铁路干线和公路干线、港口和机场的技术等级等数据。

2）计算县级行政单元与最近中心城市的距离，每个县级行政单元只对应一个中心城市，中心城市原则上为地位突出的地级市。

3）对原始数据进行整理，分别计算交通网络密度、交通干线影响度和区位优势度 3 个要素指标。

首先，交通网络密度以公路网为评价主体，其网络密度的计算为各县公路通车里程与各县土地面积的绝对比值，设某县 i 的交通线网密度为 D_i，L_i 为 i 县域的交通线路长度，A_i 为 i 县域面积，其计算方法为

$$D_i = L_i / A_i, \quad i \in (1, 2, 3, \cdots, n) \tag{3.32}$$

其次，交通干线影响度要依据交通干线的技术–经济特征，按照专家智能的理念，采用分类赋值的方法，计算各县不同交通干线的技术等级赋值，并进行加权汇总。具体赋值方法见表 3-21。

表 3-21　交通干线技术等级评价建议表

类型	子类型	等级	标准	权重赋值
铁路	铁路 A_{i1}	1	拥有复线铁路	2
		2	距离复线铁路 30km 距离	1.5
		3	距离复线铁路 60km 距离	1
		4	其他	0
	单线铁路 A_{i5}	1	拥有单线铁路	1
		2	距离单线铁路 30km 距离	0.5
		3	其他	0

续表

类型	子类型	等级	标准	权重赋值
公路	高速公路 A_{i2}	1	拥有高速公路	1.5
		2	距离高速公路30km 距离	1
		3	距离复线铁路60km 距离	0.5
		4	其他	0
	国道公路 A_{i6}	1	拥有国道	0.5
		2	其他	0
水运	港口 A_{i3}	1	拥有主枢纽港	1.5
		2	距离主枢纽港30km 距离	1
		3	距离主枢纽港60km	0.5
		4	其他	0
	一般港口 A_{i7}	1	拥有一般港口	0.5
		2	其他	0
机场	干线机场 A_{i8}	1	拥有干线机场	1
		2	距离干线机场30km 距离	0.5
		3	其他	0
	支线机场 A_{i9}	1	拥有支线机场	0.5
		2	其他	0

再次，区位优势度主要指由各县与中心城市间的交通距离所反映的区位条件和优劣程度，其计算要根据各县与中心城市的交通距离远近进行分级，并依此进行权重赋值。建议计算分级或赋值如表3-22。

4) 对交通网络密度、交通干线影响度和区位优势度3个要素指标进行无量纲处理，数据处理方法依据研究需要择定，建议数据值为0~1，并对以上数据进行加权求和，计算省（自治区、直辖市）内各县（市、区）的交通优势度。

表3-22　与中心城市距离的分级及评价赋值

级别	距离（km）	权重赋值
1	0～100	2.00
2	100～300	1.50
3	300～600	1.00
4	600～1000	0.50
5	>1000	0

（3）指标项评价

总体评价。对交通基础设施数量、质量及空间分布状况进行特征概括和丰度评价，在此基础上，进一步分析交通优势度的空间格局，尤其关注交通优势度较高地区的分布。编制交通优势度总体评价图。

单要素评价。分别评价省（自治区、直辖市）内各县的公路网密度、交通干线的技术等级以及与主要经济中心城市的距离等。编制公路网密度、交通干线的技术等级等单要素评价图。

【补充说明】

• 中心城市的确定。本规程建议原则上选择地级以上城市，但为了准确刻画各省（自治区、直辖市）的国土空间差异，在实际操作中可以考虑如下实施途径：①按人口和经济重要性双原则确定，即按照城市建成区非农业人口的大小，同时考虑其经济的重要性和影响力，选择位于本省（自治区、直辖市）前列3个左右的城市作为中心城市［省（自治区、直辖市）面积小的可适当减少］。非农业人口的规模应在50万以上。②虽达不到上述条件，但在全国具有突出优势或特殊条件城市（如交通枢纽、国际影响力的旅游城市等，特别重要的口岸城市），可以考虑增列为中心城市。③如果与本省（自治区、直辖市）邻近并确实对本省（自治区、直辖市）的相关区域有影响，也符合第一条条件的城市,可以考虑增列为本省(自治区、直辖市)评价的中心城市。④如果按上述条件所选的城市处于同一城市群中,或相距在150km 以内,可根据重要性取舍,选择最主要的城市为中心。⑤如果中心城市的影响力足够大,在评价县与其区位时,如有高速公路等快速交通连接,可以适当延长赋权重的距离。可将表 3-22 中规定 2.0 分的距离延长至 150km(1.5 小时交通时间)。⑥京津冀、沪苏浙皖的交通区位评价,可考虑将北京和上海列为中心城市。

- 交通干线影响度的评价。该指标如遇下列情况,可考虑做相应处理:①如果高速公路或铁路虽经过本县(市、区),但没有设置出入口或车站,应视为本县(市、区)不拥有交通干线,应改用距离远近进行赋值。②如果两条高速公路在本县(市、区)交叉,但该县不是国家确定的公路枢纽,则不能认为该县有 4 条高速公路,而只能按有 2 条高速公路进行评价。③如果两条铁路在本县(市、区)交叉,但该县(市、区)不是国家确定的铁路枢纽,则不能认为该县有 4 条铁路,而只能按有 2 条铁路进行评价。④如果客运专线和常规铁路在走向上一致,本规程建议按一条复线铁路评价,但可适当提高权重。但如果高速公路和国道等走向一致,建议按高速公路和国道分别评价。⑤其他特殊情况根据具体问题进行处理,但不能背离表 3-21 的评价原则。

- 交通网络密度。交通线路里程的选取,本规程建议遵循以下原则:①以高速公路、国道、省道和县道为选取范围,县道以下交通线路不计入统计分析范围。如果各省(自治区、直辖市)有县道以下交通线路统计数据,并认为有必要进行细化研究,各省(自治区、直辖市)可考虑将交通网络密度指标进一步分解为县道以上线路密度和县道以下线路密度两个子指标,并对两个子指标分别赋权重进行合计,由此计算省(自治区、直辖市)各县(市、区)的交通网络密度。②如果能获取公路的等级和路面质量方面的数据,可在文字评价中进行分析。例如,二级路以上公路的多少可反映一个县的交通优劣。

● 要素指标的权重。交通网络密度、交通干线影响度和区位优势度 3 个要素指标的权重赋值，本规程建议各省（自治区、直辖市）原则上采用"1：1：1"，但为了突出某一要素指标的重要程度，各省（自治区、直辖市）可考虑根据研究需要对以上权重进行适当调整。

第四章　国土空间综合评价与功能区域类型划分

在指标项评价的基础上，统筹考虑未来省域人口分布、经济布局、国土利用和城镇化格局，采用定性和定量相结合的方法，对国土空间进行综合评价，并提取4类主体功能区中优化开发区域、重点开发区域以及限制开发的生态地区的备选区域。

第一节　指标的归并

对每一个县级行政单元的9项指标进行标准化分级打分，1分为最低等级，5分为最高等级，并根据指标项的内在含义及指标之间的相互关系，将9个指标项分为3种类型。

第一类指标：包括人口集聚度、经济发展水平和交通优势度3项指标，这3项指标从不同的视角刻画了一个区域的经济社会发展状况。

第二类指标：包括生态系统脆弱性和生态重要性2项指标，通过这两项指标的评价可以判断出区域生态系统需要保护的程度。

第三类指标：包括人均可利用土地资源、可利用水资源、自然灾害危险性和环境容量4项指标，通过这4项指标反映区域国土空间开发的支撑条件。

第二节　指数评价法

指数评价法是国土空间综合评价的定量方法，也是划分省级各类主体功能区的主要方法。在9个单项指标评价的基础上构建国土空间开发综合评价指数，以该指数的结果为依据可以初步划分出优化开发区域、重点开发区域以及限制开发的生态地区。

1. 分类指标综合指数的算法

第一类指标即人口集聚度、经济发展水平和交通优势度。对于这 3 项指标得分，通过求三维矢量距离的方法来反映这 3 项因素对区域发展水平的共同作用。计算方法如下：

$$P_1 = \sqrt{\frac{1}{3}([人口集聚度]^2 + [经济发展水平]^2 + [交通优势度]^2)}$$

(4.1)

第二类指标即包括生态系统脆弱性和生态重要性。选取这两项指标的最高得分作为评价区域生态系统需要保护程度的依据。计算方法如下：

$$P_2 = \max([生态系统脆弱性], [生态重要性]) \quad (4.2)$$

第三类指标即人均可利用土地资源、可利用水资源、自然灾害危险性和环境容量。这 4 项指标中，人均可利用土地资源和可利用水资源取两者最小值作为分子以体现它们的支撑作用；自然灾害危险性和环境容量取两者最大值作为分母体现它们的限制作用。计算方法如下：

$$P_3 = \frac{\min([人均可利用土地资源], [可利用水资源])}{\max([自然灾害危险性], [环境容量])} \quad (4.3)$$

2. 国土空间开发综合评价指数及其分级

在指标分类归并的基础上，构建出国土空间开发综合评价指数，并通过该指数区分出"开发"或"保护"两类地域主体功能。其中，"开发"类就是指优化和重点开发区域。

P_1 和 P_2 分别体现出一个行政单元对于两种地域功能类型的评价结果，因此将两综合指数相减，分值之差越高的地区地域功能越偏向于"开发类"，反之则偏向于"保护类"。

考虑第三类指标对地域功能取向起到的是辅助性的作用，因此对

P_3 通过正弦变换，化为取值在一定范围内的标准化指数 k，作为支撑系数，约束第一类指标的综合得分，以便能够准确地刻画支撑条件对国土空间开发评价结果的影响。因此，国土空间开发综合评价指数（A）的计算方法如下：

$$A = kP_1 - P_2 \tag{4.4}$$

将国土空间开发综合评价指数评价结果分为 8 级，以得出每一个评价单元适宜开发的程度。

【补充说明】

● 关于标准化指数 k，国家功能区划中 k 为 0.9～1.1，省级区划可以根据实际情况调整。可以在第三类指标评价完成之后，考察这 4 项指标以及 P_3 值的分布，如果其分布与国土空间开发格局一致性较高，可适当扩大 k 的取值范围，反之如果 4 项指标以及 P_3 值随机性较高，则 k 的取值范围不宜大。

第三节 判别评价法

判别评价法是国土空间综合评价的定性方法。根据不同指标项的含义及其所示的地域功能指向，通过其组合关系对地域功能进行定性判别，从而获取各类功能区的空间格局。可以使用上述 3 类指标的划分方法作为判别评价的组合元素，也可根据实际增加分类或改变分类方法，如采用代表资源环境承载能力、国土开发密度、未来发展潜力等 3 类属性指标进行综合判别。国家主体功能区划采用如下具体步骤，各省（自治区、直辖市）可予以参考。

1. 各类指标的赋值

将第一类和第二类指标分为 3 级，第三类指标分为两级，分别体现人口经济集聚度及交通优势度、生态系统脆弱性及重要性、资源环境承载条件的分异。参考分级赋值方法如表 4-1。

表 4-1　3 类指标的分级赋值方法

打分	第一类指标	第二类指标	第三类指标
1	人口集聚度≤2 and 经济发展水平≤2	生态系统脆弱性=5 or 生态重要性=5	(可利用土地资源=1 and 可利用水资源=1) or 环境容量=5 or 自然灾害危险性=5
2	其余	其余	其余
3	人口集聚度≥4 and 经济发展水平≥4 and 交通优势度≥3	生态系统脆弱性≤2 and 生态重要性≤2	

2. 指标的组合与分级

3 类指标赋值后，产生 18 种组合，根据其国土开发适宜程度分为 8 级，第一级为最适宜开发，第八级为最不适宜开发，参考分级组合方法如下：

第一级：332 和 322。人口和经济集聚度、交通优势度高，生态系统脆弱性和重要性较低，支撑条件一般。

第二级：321、232 和 331。人口和经济集聚度、交通优势度较高，生态系统脆弱性和重要性较低，支撑条件影响不显著。

第三级：231 和 222。人口和经济集聚度、交通优势度一般，生态系统脆弱性和重要性较低，支撑条件影响不显著。

第四级：132 和 221。人口和经济集聚度、交通优势度较低，生态系统脆弱性和重要性较低，支撑条件不显著。

第五级：131、312 和 311 人口和经济集聚度、交通优势度与生态系统脆弱性和重要性同时高或同时低，支撑条件不显著。

第六级：212 和 122。人口和经济集聚度、交通优势度较低，生态系统脆弱性和重要性较高，支撑条件一般。

第七级：211 和 121。人口和经济集聚度、交通优势度较低，生态系统脆弱性和重要性较高，支撑条件较差。

第八级：111 和 112。人口和经济集聚度、交通优势度低，生态系统脆弱性和重要性高，支撑条件不显著。

3. 地域功能的判别评价

根据指标组合的意义可知，上述组合分级中，从第一级到第三级基本为适宜开发的区域，是优化开发和重点开发的备选区域，第七级和第八级基本为较不适宜开发的区域，是限制开发的备选区域，因而可以据此获得各省（自治区、直辖市）主体功能区的大致空间格局。

【补充说明】

● 可以根据实际情况，调整各指标项的分级赋值方法，以更显著地体现各类指标在本省（自治区、直辖市）范围内的实际分异规律，并选择最有利于判定本省（自治区、直辖市）各类主体功能区的指标项组合方式及分级数量和标准。

第四节 各类功能区备选方案的确定

优化开发、重点开发和限制开发区域的选择，原则上主要基于指数评价法得出的国土空间开发综合评价指数，选取不同的阈值作为划分 3 类开发区的依据。而国土空间开发综合评价指数的调整和修订，主要是以判别评价法的结果为依据的。对于主体功能难以明确、综合评价指数区分不明显的地区，也是参考判别评价结果对主体功能进行判定。

对于国土空间开发综合评价指数不能准确刻画当地主体功能空间分异格局的省（自治区、直辖市），可以在充分利用国土空间开发综合评价指数的基础上，根据判别评价的结果选择各类主体功能区，在对被判别为同一类型的区域进行细分时，可以以国土空间开发综合评价指数为参考依据。

【补充说明】

● 国土空间开发综合评价指数和判别评价法等两种方法各有长处，

可以相互佐证、互为补充，并通过反馈调整，达到逐步完善。最终能够实现运用两种方法选择各类主体功能区的结果大体一致。

- 考虑到国土开发的空间连续性，根据国土空间开发综合评价指数选择各类主体功能区时，对于核心区域之间的连接区域其阈值可以适当放宽，如成渝地区中成都和重庆之间的区域等。

- 对于发展水平分异较大的省（自治区、直辖市），根据国土空间开发综合评价指数选择重点开发区域时，可以根据需要将省（自治区、直辖市）内局部地区的阈值适当放宽，起到在特定区域内选择重点开发区域的作用，如新疆的南疆地区等。

第五章 区划的主导因素法

主导因素法是自上而下划分主体功能区的技术方法，通过选取决定不同类型主体功能区形成的主导因素，按照关键指标项的评价结果，结合分析其他指标项的影响，划分优化开发、重点开发区域以及限制开发的生态地区、农业地区，得到区划的备选方案。

第一节 划分优化开发、重点开发区域

1. 省级优化开发区域的主导因素

优化开发区域是指在省（自治区、直辖市）范围内国土开发密度比较高、产业结构面临提升与转型、区域资源环境压力明显增大的区域。从国内外区域发展经验来看，这类地区的核心区域，大多是人口密度和经济发展水平比较很高，并有较大规模的都市区支撑。其主要特征指标是：

1）一般应至少拥有一个 100 万人口以上的核心城市。

2）核心城市的中心地位明显，对区域的影响范围比较大，具备引导周边地区经济参与跨区域合作的"门户"功能。

3）现代服务业和高新技术产业发展条件较好，其增加值在 GDP 中的比例已呈现上升态势。

4）人口、城镇和产业的集聚程度比较高。可以通过城镇化水平、人口密度、人均 GDP 等指标是否高于本省该指标平均值的 10%～30% 来衡量。

5）因人口、产业集聚而出现较严重的生态环境压力，如水土资源

短缺、区域环境污染等问题。

6）基本单元组成相对集中连片。

2. 省级重点开发区域的主导因素

重点开发区域是指在省（自治区、直辖市）范围内，经济和人口集聚有一定基础、资源环境承载能力还较大的区域。从区域整体发展来看，这类区域具备形成都市经济区的基础条件，能够承接优化开发区域的产业转移，承接限制开发区域和禁止开发区域的人口转移。主要特征指标是：

1）已具有一定的经济社会发展基础。至少拥有一个具有较大辐射能力的核心城市。

2）核心区域的经济和城镇发展有一定基础，并出现了较快的人口、经济集聚态势。可用人口密度、GDP 密度、城镇化水平以及人口流动强度、经济年均增长率等指标与本省（自治区、直辖市）这类指标的平均水平状况比较来测度。

3）在相对较大的地域范围内，适宜建设用地及可利用水资源潜力比较大，一般至少具备承载本省（自治区、直辖市）总人口的 10% 左右的潜力。

4）基本单元组成相对集中连片。

3. 主导因素说明

在人口密度较大的省（自治区、直辖市），一般核心城市的人口规模应超过 50 万人；在人口密度小、面积大的西部省（自治区、直辖市），核心城市的人口规模也可以小于 50 万的地级市，如新疆喀什地区。

考虑到进一步集聚人口和经济的要求，所划地域范围不应太小，至少应包括 3~4 个县级区域。

4. 具体划分步骤

1）根据人口规模、经济规模和城市综合功能，选取对本省（自治区、直辖市）有重要影响的城市和城市相对密集的区域，作为优化开发或重点开发区域的备选区域。

2）在备选区域中，根据县域单元的制造业比重、现代服务业比重、资源环境承载状况及未来发展的潜力等因素分析，在判断功能定位的基础上，确定优化开发、重点开发区域的初步方案。

3）通过叠加公里格网的人口密度和经济密度，并建议参照城镇建设用地分布、夜间灯光指数图等，对备选区域进行分析与比较，考察这些指标的空间分布格局，识别和提取人口和经济密度的空间分异的特征线。

4）可运用城市相互作用、城市吸引范围等分析模型，进行边界的划分和模拟，修订初步确定省级优化与重点开发区域的边界，最终确定优化开发或重点开发区域的县域名录。

第二节 划分限制开发区域的生态地区

1）根据生态环境本底特征，参考已有研究成果，对本省（自治区、直辖市）生态环境主要问题和生态系统分布特征进行分析，明确主要生态系统类型及其地域分布，将生态环境问题严重的地区和生态功能重要的地区选为省级限制开发区域的备选区域，备选区域以县级行政区为基本单元。

2）针对备选区域存在的生态环境问题和生态系统服务功能，确定评价的主导因子。脆弱生态环境评价的主导因子可选择沙漠化、土壤侵蚀、石漠化、土壤盐渍化等；生态系统服务功能可选择水源涵养、土壤保持、防风固沙、生物多样性保护等。

3）在备选区域中，针对不同生态环境问题和生态系统服务功能，选用相应的评价因子，采用本规程的指标项评价方法，进行单项因子和指标项的评价。

4）基于单项指标的评价，采用本规程中生态系统脆弱性评价和生态重要性评价步骤中的3）节，对备选区域的生态系统脆弱和生态重要程度进行综合评价，确定省级限制开发区域的生态地区。

5）参照人口和城镇分布，结合未来空间发展格局的变化趋势分析，同时考虑相邻县的生态系统完整性、生态功能一致性、生态问题相似性等内容，修订省级限制开发区域的生态地区的边界，最终确定限制开发区域的生态地区县域名录。

第三节　划分限制开发区域的农业地区

（1）选择划分限制开发区域的农业地区的指标

限制开发区的农业地区分为两类，即以种植业为主的农业地区和以草原牧业为主的农业地区。划分以种植业为主的农业地区以耕地面积占县域国土面积的比例和人均粮食产量为主要指标，划分以草原牧业为主的农业地区以草地面积占国土面积的比例和人均肉类总产量为主要指标。

（2）指标计算

各省（自治区、直辖市）按照上述指标，以县域为评价单元进行计算。对没有草原牧业分布的省（自治区、直辖市），只计算耕地面积占县域国土面积的比例和人均粮食产量。

（3）确定阈值并初步划分限制开发区域的农业地区

以种植业为主的农业地区，可在耕地面积占县域国土面积的比例和全县人均粮食产量两项指标均相当于本省（自治区、直辖市）平均水平的85%以上选择。划分以草原畜牧业为的农业地区，可在草地面积占县域国土面积的比重和全县人均肉类总产量两项指标均相当于本省（自治区、直辖市）平均水平的125%以上选择。

（4）修订边界

1）农业指标高值县和重点、优化开发功能区域重叠县域的处理。对于一些有可能成为重点或优化开发区域的农业指标较高的县域单元，其功能定位应综合考虑未来国土开发及城市发展的战略和方向。可通过农业经济和工业经济的对比分析、城乡结构分析，并考虑城市发展方向和相邻县域的发展关系，确定优化、重点或者限制开发区域。已经是国家或省级政府确定的农牧业类基地县应确定为农业地区。

2）农业指标和生态指标均高值或者均低值的县域的处理。对于农业指标和生态指标取值均高或均低的县域，一般应划分为生态地区；如果人口密度大、人口数量多的县域，可以考虑划为农业地区。

3）对于评价指标虽达到阈值标准，但人口稀少、草原质量较差的牧业县应确定为生态地区。

第六章 类型划分的辅助分析方法

为了增强区划的客观性，划分优化开发、重点开发、限制开发等基本类型区域，可以通过辅助分析方法，获得多个备选方案，为多方案集成提供基础，为最终方案的确定提供参考。

第一节 计量分析方法

通过计量分析方法，对指标项评价结果、综合评价结果进行处理，对区划技术方法进行验证、调整。通常使用的计量分析方法包括相关分析法、聚类分析法等，本节以聚类分析法为例说明该方法在国家主体功能区划中的应用。

在国家主体功能区划中，对9个可计量的单项指标进行聚类分析，将所有评价单元自动分为4类，通过4类区域的空间分布格局与地域主体功能空间分异的一致性来验证指标体系以及指标评价结果的科学性。通过验证，聚类结果能够大体体现出我国地域功能的空间分异，对指标体系的验证程度较高。

同时，在聚类结果中，可获得9个可计量指标的参考中心值，考察每一类型区域中9个参考中心值的组合关系或每一个指标项参考中心值在4类区域中变化的单调性，可以作为判别评价法中指标分类组合的依据，对地域功能的识别起到辅助作用。

各省（自治区、直辖市）可根据具体情况，在以下10种方法中选择一种方法作为辅助分析方法：基于AHP模型的区域划分、用多线性加权求和法进行区域划分、基于回归分析的区域划分、用模糊聚类评价法的区域划分、基于 GIS 空间叠加分析法的区域划分、最小距离法进行区域划分、人工神经网络法的区域划分、基于知识的空间聚类法的区域划分、基于元胞自动机模型的区域划分、分层分类法的区域划分。

【补充说明】

● 聚类分析要求指标之间相关性低，样本容量足够大，因此对于评价单元数量较少的省（自治区、直辖市）不适用于此项方法。

第二节　遥感分析方法

遥感技术是省级主体功能区划中重要的辅助分析方法，除了在单项指标评价中对指标项的计算起到辅助作用以外，在主导因素分析方法、区划方案的集成以及边界的确定上也能起到重要的作用。国家主体功能区划采用了夜间灯光强度分析方法。各省（自治区、直辖市）可予以参考。

夜间灯光强度以卫星探测的夜间灯光信息为基础数据［国家主体功能区划采用的数据源是美国国防气象卫星计划（DMSP）的线性扫描业务传感器（OLS）］，反映出灯光的地理位置和强度，为研究人类活动强度、聚集度、城市区域扩展提供了一个独特的视角，可以在全球和区域尺度上作为表征其变化发展的空间指标。

在分析过程中，首先对夜间灯光影像做预处理，包括地理定位、去除强光、云筛选等，然后以公里格网为基本单元，计算灯光像元在时间序列上被探测到的最大辐射值，并选取合适的阈值，将最大灯光辐射强度分为若干类型，使其与人口集聚与城市分布空间格局基本对应，获得夜间灯光强度分析结果。同时，对于公里网格分析结果，可以采用区域综合方法、主导因素方法、类型归并方法等，将分散的评价结果进行归并，获取连片的夜间灯光强度图，还可以根据一定的原则，生成夜间灯光强度县域评价结果。

夜间灯光强度评价结果可以作为选择我国重要的城市化地区、人口集聚地区的辅助分析方法,进而进行主导因素法选择优化开发、重点开发区域,也可作为确定优化开发、重点开发区域边界线的重要依据。

第三节 空间分析方法

主体功能区类型划分备选方案通常是以县级行政区为基本单元的类型区划,各类型区一般不成片分布,不能直接作为主体功能区划分的方案。各省(自治区、直辖市)可采用以下空间辅助分析的基本方法,从省(自治区、直辖市)整体、多个城市间、核心城市等不同角度,解析主体功能区数量、范围与分布,辅助确定以优化开发和重点开发为主的区划界限。

1. 人口及 GDP 空间分布格局、特征线识别及动态变化

识别人口及 GDP 空间分布的特征线,辅助确定主体功能区划分的边界。首先对人口数据或 GDP 数据进行空间离散并进行空间平滑处理,然后提取出特征线。通过动态变化数据,可以识别出分布格局变化的趋势。

人口及 GDP 数据空间离散的基本单元应根据省域面积的大小,可以选择 1000m 格网(对应于 1:100 万比例尺基础地理数据)、100m 格网(对应于 1:25 万比例尺基础地理数据)或 25m 格网(对应于 1:5 万比例尺基础地理数据)。

人口或 GDP 空间离散化模型可选择多因素模糊综合评判模型,即

$$D = QE \tag{6.1}$$

式中,D 为人口密度或 GDP 密度,Q 表示人口或 GDP 分布概率,E 为根据人口或 GDP 统计数据确定的修正系数。

$$Q = A \circ R \tag{6.2}$$

$$A = (a_1, \ a_2, \ \cdots, \ a_p) \qquad (6.3)$$

式中, A 是权重向量, $\circ$ 为特定的算子, R 为模糊隶属度函数 $r(x)$ 构成的隶属度函数矩阵, $r(x)$ 包括地形、土地利用类型、距离城市交通线距离等影响人口或 GDP 分布的因素。

$$r(x) = \begin{cases} \exp\left[-\left(\dfrac{x - a + b}{\lambda_1}\right)^2\right] & \text{当 } x \leqslant a - b \text{ 时} \\ 1 & \text{当 } a - b < x < a + b \text{ 时} \\ \exp\left[-\left(\dfrac{x - a - b}{\lambda_2}\right)^2\right] & \text{当 } x \geqslant a + b \end{cases} \qquad (6.4)$$

式中, $\lambda_1 = \dfrac{(c - a + b)}{\sqrt{\ln 2}}$, $\lambda_2 = \dfrac{(d - a - b)}{\sqrt{\ln 2}}$。 a、b、c、d 是 4 个参数, 这些参数决定了隶属度函数的形状。

2. 城市相互作用空间格局、特征线识别及动态变化

采用城市相互作用模型, 模拟优化开发区域和重点开发区域可能范围内的城市相互作用空间格局。通过表征多个城市之间相互作用强度大小的数值, 辅助判别主体功能区划分的边界。

城市相互作用的计算根据省（自治区、直辖市）面积的大小, 可以在 1000m 格网、100m 格网或 25m 格网上进行, 计算公式为

$$F_i = \sum_j k \frac{m_j}{d_{ij}^b} \qquad (6.5)$$

式中, F_i 表示空间第 i 格网单元所受到的城市作用强度, 即受到的所有城市空间作用的总和, k 为引力常数, m_j 为城市 j 的人口规模或经济总量, d_{ij} 为点 i 距城市 j 的时间距离, b 为距离摩擦系数。

3. 中心城市的吸引范围

中心城市的吸引范围采用两种方法确定: 一是距离中心城市的交通通达度模型, 二是中心城市引力模型。

1) 交通通达度模型。交通通达度是指从中心城市出发, 利用陆路

和水路交通运输方式，沿最短路径在一定时间内所能到达的距离范围。国际上通常以 2 小时通行圈作为划分都市区的重要参考数值。计算公式为

$$d = vt \qquad (6.6)$$

式中，d 为通达距离，v 为道路行车速度，t 为通达时间。各省（自治区、直辖市）在计算时，可根据城市规模大小适当调整通达时间。选择 1 小时、2 小时、3 小时等通行圈作为划分中心城市吸引范围的参考数值。原则上，经济发达、城市分布密集的区域，优化开发区域和重点开发区域的中心城市通行圈宜采用 2 ~ 3 小时通行圈，经济欠发达、城市分布稀疏的区域，宜采用 1 ~ 2 小时通行圈。

2）引力模型。城市引力可以定量表征中心城市对其周围引力作用大小。城市引力与该中心城市的人口规模或经济总量成正比，与到中心城市的距离成反比。中心城市引力计算可根据省域面积的大小，可以在 1000m 格网、100m 格网或 25m 格网上进行计算。计算公式为

$$G_i = k \frac{P}{d_i^b} \qquad (6.7)$$

式中，G_i 表示空间第 i 格网单元所受到的城市引力强度，k 为引力常数，P_j 为中心城市的人口规模及 GDP 总量，d_i 为点 i 到中心城市的时间距离，b 为距离摩擦系数。

【补充说明】

● 各省（自治区、直辖市）可以自行选择其他空间分析方法，如城市土地利用变化趋势和建成区用地拓展趋势分析，解析主体功能区的分布格局、变化趋势，辅助确定主体功能区划分的边界。

第四节　辅助决策因素库

国土空间综合评价基本涵盖了影响地域主体功能的主要因素，但

仍存在大量的因素不能通过评价指标体系体现出来，这些因素中大部分只起到有限的作用，对地域主体功能的正确识别影响不大。但是，依然有少部分因素对个别评价单元能起到较为重要的作用。建立由这些因素构成的辅助决策因素库，针对特定区域的特定问题，参与评价，为功能区划方案的调整提供"一票否决"的依据。例如，地下水超采区域、强酸雨分布区域、国家林区保护范围等可作为限制类因素，纳入辅助决策因素库。如果评价单元处在因素库名录内，可以不被纳入开发类区域。

1. 地下水超采区域

由于过量开采和不合理利用地下水，常常造成地下水位严重下降，形成大面积的地下水下降漏斗，在地下水用量集中的地区，还会引起地面沉降，在滨海地区还会引起海水入侵等环境地质问题。地下水严重超采还会导致地下水资源枯竭、水质恶化等资源环境问题。

一个地区如果存在地下水严重超载的问题，无论该地区理论上可利用水资源量的多寡，均意味着其水资源承载能力已经严重不足，对于国土空间开发综合评价结果并不太高的地区，可以据此认为其不适宜开发。

2. 强酸雨分布区域

通常认为 pH 小于 5.6 的降水即为酸雨，当降水的 pH 小于 5 时，生态平衡就会遭到破坏。酸雨主要是硫酸及硫酸盐随雨雪降到地面而形成的，其原因是随着工业的发展，人类大量燃烧含硫燃料如原煤、石油，造成空气中 SO_2 含量逐渐升高。氮氧化物（NO_x）对 SO_2 形成酸雨起了催化剂的作用，而 NO_x 的排放绝大部分来自于汽车、飞机等内燃机所排放的尾气。

一个地区的年均降水 pH 如果小于 5，即意味着当地的环境胁迫程度已经很高，开发强度过大，对于国土空间开发综合评价结果并不太高的地区，可以据此认为其不适宜开发。

3. 国家林区保护范围

生态公益林以维护和改善生态环境、保持生态平衡、保护生物多样性等满足人类社会的生态、社会需求和可持续发展为主体功能，主要提供公益性、社会性产品或服务的森林。生态公益林由防护林和特种用途林组成。生态公益林把生态效益和社会效益放在首位，以满足自然生态需求和社会生态需求为主要目标。

天然林资源保护工程旨在解决我国天然林的休养生息和恢复发展问题。因为天然林资源集中分布于我国大江大河的源头、大型水库周围和重要山脉核心地带，在蓄水保土、稳定河床、调节流量、保护水源、保土防蚀、减少江河泥沙淤积等方面发挥着重要作用，同时也为生物多样性保护提供了良好的生态环境。

生态公益林和天然林资源保护工程有一定的重叠区域，这两种类型的区域在维护和改善生态环境、促进社会、经济的可持续发展过程有不可替代的作用，所以在国土空间开发综合评价结果并不太高的地区，可以据此认为其不适宜开发。

【补充说明】

• 辅助决策因素库中的指标并非是全局意义的影响因素，因此不是所有处于因素库名录内的地区都不能纳入开发类区域。

• 各省（自治区、直辖市）可以选择影响较为突出的限制类因素，补充到辅助决策因素库中。

第七章 区划方案的集成

省级区划要在区域类型划分备选方案的基础上，结合辅助分析方法获得的结果，与国家主体功能区划分结果相衔接，与周边省（自治区、直辖市）的区域功能相协调，落实本省（自治区、直辖市）的国土开发空间结构，最终生成省级区划方案。

第一节 衔接与协调

1. 与国家主体功能区划分相衔接

国家划定优化开发、重点开发区域的大致范围、空间结构和开发强度的要求，与国家优化开发、重点开发区域相关的省（自治区、直辖市），在进行省级主体功能区划工作时要贯彻国家的战略意图，在本省（自治区、直辖市）范围内以综合评价为基础结合多种其他分析方法划定国家优化开发、重点开发区域。省级优化开发、重点开发区域的划分结果要与国家优化开发、重点开发区域共同形成一个有序的国土开发空间结构，同时也能明确体现其功能与国家优化开发、重点开发区域的差异。

国家优化开发区域的上风上水区域，要尽可能保留一定范围的限制开发区域，有利于改善区域生态质量环境、减少区域性资源环境压力。

国家明确划定的限制开发区域，省级主体功能区划要严格遵守，并且考虑到国土空间的连续性，原则上不应在国家限制开发区域的上风上水方向划分开发类区域。国家限制开发区域在自然地理空间上的直接延伸地区，原则上应划为省级限制开发区域。

国家禁止开发区域必须严格遵守，其周边区域也要尽可能保留一定范围的限制开发区域，减轻对禁止开发区域主体功能的影响。

2. 与周边区域功能的协调

主体功能区之间不应发生功能冲突和干扰。地处同一流域的不同功能区，要处理好流域上下游之间的关系。原则上，位于优化开发区、限制开发区域上游河段的相邻区域不宜设置重点开发区域。

注意与邻省（自治区、直辖市）主体功能区划分的协调。位于各省（自治区、直辖市）边界周围均质性较强的地区应确定为同一类型主体功能区。

沿海省（自治区、直辖市）的陆地主体功能区划分要与海域主体功能区划分相互衔接，海岸带陆域同海域主体功能定位要协调。

沿边分布的省（自治区、直辖市）划分主体功能区，要充分考虑邻国资源环境和经济社会发展的特点及其对本省（自治区、直辖市）主体功能区划分的影响。原则上，主体功能区的划分要有利于形成与国界两侧资源环境相协调、经济社会发展良性互动的开发格局。

3. 落实本省（自治区、直辖市）的国土开发空间结构

省级主体功能区划，要充分考虑本省（自治区、直辖市）国土开发空间结构的影响。

优化开发、重点开发区域的划分，要有利于国家和省级重点国土开发轴（带）的发展，尽可能分布在国家和省级重点国土开发轴（带）上。要充分利用国家优化开发区域和重点开发区域对省级主体功能区的辐射和带动作用，沿着国家优化开发区域和重点开发区域的未来拓展方向，在不干扰国家主体功能区形成的前提下，划分省级优化开发区域和重点开发区域，推进重点国土开发轴（带）的形成。同时，也要兼顾国家和省（自治区、直辖市）国土整体开发和均衡布局的要求，考虑对老少边穷区域的政策扶持，有一定数量的重点开发区域分布在条件适宜的相对欠发达地区。

限制开发的生态地区要有利于生态网络主骨架的形成，尽可能分布在重点生态廊道上。充分考虑国家和省（自治区、直辖市）重大生态工程建设布局，尽可能与之相吻合。限制开发的农业地区要与国家和省（自治区、直辖市）粮食生产基地建设布局相协调。

禁止开发区域的划分，除了选择有关法律规章已确定的各类保护区外，要充分考虑未来可能出现的保护区的分布，力求做到超前明晰这类区域的主体功能、尽早实施必要的空间管制。

第二节　方案的形成

通过国土空间综合评价、主导因素法的初选，以及辅助分析方法的调整，获得了多套备选方案，通过技术系统、专家系统和决策系统的共同协作，从备选方案中确定省级主体功能区划的最后方案，步骤如下：

1. 从备选方案划出初步结果

通过综合评价法、主导因素法获得的 3 个区域类型划分备选方案中，均被列入同类主体功能区的县级行政单元，首先被确定为该类主体功能区。相对集中连片的同类主体功能区作为省级区划的初步结果。

根据与邻省（自治区、直辖市）和国家主体功能区划分相协调、与国土开发空间结构相衔接的基本要求，调整省级区划的初步结果。改变不符合基本要求的区域主体功能，修订省级区划的初步结果。

2. 获取区划界限走向

在此基础上，采用遥感分析方法、空间分析方法获得的主要特征线、自然地理单元界限，辅助划分不同主体功能区的范围，确定区划界限。主要地理特征线叠加相吻合的区段，原则上就确定为区划界限的走向。主要地理特征线叠加不吻合的区段，要增加专家系统定性判别、地方政府意愿调查，补充更深化的空间辅助分析方法，在充分论证其资源环境和经济社会发展空间格局现状和演变态势的基础上，按照主体功能区划分的原则，确定区划界限的走向。

3. 确定主体功能待调整的县市名录

通过辅助决策因素库的分析，根据纳入因素库的限制类因素评价选择出可以调整其主体功能的县市，供专家系统、决策系统进行辅助决策，形成主体功能待调整的县市名录，以便随时调整。

4. 形成最终方案

以综合评价结果为基础，参考辅助分析、辅助决策的结果，采取政府与专家主导、公众参与的方式，经过反复征求意见、修订，最终由规划决策者确定省级区划方案。

第三节　确定区划方案的补充要求

1）根据国土空间评价结果，可以作为重点开发区域但近期暂不宜优先重点开发的地区，应在本阶段先确定为限制开发区域。

2）根据国土空间评价结果应划分为限制开发区域的设区市的市辖区以及自治州政府、地区行署、盟行署所在地，可不划为限制开发区。

3）天然林保护地区、退耕还林还草地区、草原"三化"地区、石漠化和荒漠化地区、水土流失严重地区等，原则上应确定为限制开发的生态地区；国家优质粮食基地县（场），以及其他农业资源条件好、增产潜力大的地区等关系农产品供给安全的地区，原则上应确定为限制开发的农业地区；不具备大规模开发的条件的海岛地区，原则上应确定为限制开发区域。

4）依法设立的省级及以下的自然保护区、风景名胜区、森林公园、地质公园等，应确定为禁止开发区域；具有较高生态价值或文化价值，但尚未列入法定自然文化资源保护区域的地区，可确定为禁止开发区域；重要蓄滞洪区，重要水源地以及湖泊、水库上游集水区，距离湖岸线一定范围的区域，应确定为限制开发或禁止开发区域；基本农田应全部确定为禁止开发区域；对其他不具备开发条件的地区，可根据实际情况，自行设定一定标准确定为禁止开发区域。

第八章　成　　果

省级主体功能区划成果包括区划文本、区划图件以及区划数据 3 个部分。

第一节　区　划　文　本

1. 区划研究报告文字说明书

区划研究报告文字说明书是对省级区划的依据、过程、结果的系统表述。编写区划文字说明书要重点关注以下 4 个方面：

1）文字说明书主要是对省级区划方案的文字性阐释，与区划成果图是一个整体。重点阐述各类主体功能区的数量、分布、资源环境特征和经济社会发展状况，评价主体功能区形成的条件。

2）文字说明书要扼要说明编制区划方案的主要步骤和关键技术问题。

3）文字说明书要表述清晰、概括全面、观点鲜明、结论准确。对区划技术过程和结论论证的详细说明，应放在技术说明附件中。

4）文字说明书要能够为编制主体功能区规划提供支撑，提出推进形成主体功能区的规划建议。

2. 区划技术说明

区划技术说明要系统阐述划分主体功能区的方法和技术，尤其要对未列入本规程的方法技术进行详细说明，包括技术方法选择的缘由、实施过程、重要参数选择的依据、结果的判断等。区划技术说明还要对本省（自治区、直辖市）划分主体功能区过程中遇到的技术疑难问题以及解决办法进行特别说明。

第二节 区 划 图 件

省级区划成果图件包括以下 3 个部分：

1. 区划方案图

1）省级优化开发区域分布图；

2）省级重点开发区域分布图；

3）省级限制开发区域分布图；

4）省级禁止开发区域分布图。

省级区划方案成果图要求上交国家发展和改革委员会，要严格参照制图规程制作，具体要求参见附件一。

【补充说明】

• "省级限制开发区域分布图"要求是两种形式，一种是以省级限制开发区域的自然地域分布图，一种是以县为基本单元的省级限制开发区域分布图。

• "省级优化开发区域分布图、重点开发区域分布图"一般是以县为基本单元。对于县域辽阔、内部发展条件差异悬殊、功能组成多样的省（自治区、直辖市），除了以县为基本单元表达省级优化、重点开发区域分布外，还要求有优化、重点开发区域的实体地域分布图，如新疆。

• 要求各省（自治区、直辖市）提交省级区划方案图的同时，必须提交制图所需的数据，以便于全国主体功能区规划的集成和拼图（具体要求参见附则一）。

2. 国土空间综合评价图

基于国土空间单项指标评价制作，作为研究报告的组成部分，制作标准及参考目录参见附则一。

3. 各类主体功能区分幅图

按照本省（自治区、直辖市）范围内省级主体功能区制作分幅地图，反映各类功能区边界、内部空间结构以及其他空间规划的信息。此类图件不做硬性要求，制作标准可参照国家各类主体功能区分幅图。

第三节　区划数据

1. 区划基本资料汇编

针对编制省级区划的需要，要搜集、整理和编印不同主题的文献成果资料。主要包括：

1）省政府有关主体功能区划工作的重要文件；

2）借鉴国内外主体功能区规划的研究成果资料；

3）本省（自治区、直辖市）主体功能区划前期研究成果汇编及经验总结材料；

4）本省（自治区、直辖市）主体功能区划调研的汇总资料；

5）有关领导、专家学者对主体功能区划工作和成果的指导、咨询、论证意见；

6）大众参与、社会反响的意见汇编。

2. 区划数据及数据库管理

主体功能区划主要涉及 3 种类型的数据：一是诸如地形、土地利用、水资源、环境、生态系统、自然灾害、行政区划、人口、经济等由自然要素和经济社会要素构成的大量基础性空间数据和属性数据；二是在区划过程中生成大量的"中间"数据；三是通过对基础数据和"中间"数据加工、计算形成的区划研究结果数据。要重视对这些海量数据的收集、整理和加工管理，为今后开展主体功能区动态监测、评估以及主体功能区划修订提供依据。在区划数据及数据库管理方面有以下几点要求需要予以关注。

1）借助 GIS 技术建立图形数据库。主要包括数字地形图、县级行政区划图、土地利用图、重要单要素分布图、各类指标项专题图、主体功能区划图以及区划过程中生成的部分中间结果图等。

2）采用 Access 或 Excel 软件建立分县自然要素特征值和经济社会统计资料数据库表。主要包括区划过程中使用的各种自然要素基础数据、经济社会发展历史及现状基本信息数据以及区划过程中形成的中间数据和结果数据等。

3）建立区划基本资料汇编的电子文档库。

第九章　重要参数测算与监测评估

第一节　基于区划方案的重要参数测算

在省级主体功能区划方案提出后须对一些重要参数进行测算，一方面服务于本省（自治区、直辖市）主体功能区规划的编制，另一方面验证区划结果是否符合国家的要求。建议测算的参数主要有以下3个。

1. 基础数据

①本省（自治区、直辖市）范围内每个国家优化开发、重点开发区域以及省级优化开发、重点开发区域的面积、人口、地区生产总值以及汇总值；②本省（自治区、直辖市）范围内全部国家限制开发区域以及省级限制开发的农业地区、生态地区的面积、人口、地区生产总值以及汇总值。基础数据结果要求如表9-1。

表 9-1　基础数据结果要求

区域名称	人口	面积	GDP
国家优化/重点开发区域			
区域 A_1/B_1			
省级优化/重点开发区域			
区域 C_1			
区域 C_2			
⋮			
优化/重点开发区域汇总			

续表

区域名称	人口	面积	GDP
国家限制开发区域			N/A
区域 D_1			N/A
区域 D_2			N/A
……			N/A
省级限制开发的农业地区			N/A
区域 D_1			N/A
区域 D_2			N/A
……			N/A
省级限制开发的生态地区			N/A
区域 D_1			N/A
区域 D_2			N/A
限制开发区域汇总			N/A

2. 开发强度

需测算本省（自治区、直辖市）范围内国家优化开发区域、重点开发区域以及省级优化开发区域、重点开发区域、限制开发的生态地区和农业地区的开发强度指标。开发强度包括已开发强度、未来可开发强度和剩余开发强度3项指标。对国土开发强度的计算，不仅要以国土面积、可建设用地、已建设用地、可利用土地等土地利用类指标作为计算依据和计算对象，还要综合考虑环境容量、资源承载能力、社会经济发展阶段、城市化和工业化特征等因素对国土开发强度计算的影响。开发强度测算结果要求如表9-2。

表9-2 开发强度测算结果要求

区域名称	土地面积	总可开发强度	已开发强度	剩余开发强度
国家优化/重点开发区域				
区域 A_1/B_1				
省级优化/重点开发区域				

续表

区域名称	土地面积	总可开发强度	已开发强度	剩余开发强度
区域 C_1				
区域 C_2				
⋮				
优化/重点开发区域汇总				
国家限制开发区域				
区域 D_1				
区域 D_2				
⋮				
省级限制开发的农业地区				
区域 D_1				
区域 D_2				
⋮				
省级限制开发的生态地区				
区域 D_1				
区域 D_2				
限制开发区域汇总				

3. 未来可容纳的人口总量

可测算本省（自治区、直辖市）范围内不同类型的主体功能区域未来（2020 年）可容纳的人口总量。这是根据各类开发区目前的人口密度和开发强度、可建设用地等基数，结合不同的条件情景，依据未来人居密度的假定值而做出的推算。测算结果要求如表 9-3。

表 9-3　未来可容纳的人口总量测算结果要求

	剩余可建设用地开发比例			现状人口	各方案预测总人口（万人）		
	低方案	中方案	高方案	（万人）	低方案	中方案	高方案
国家优化开发区域 （区域名）							
国家重点开发区域 （区域名）							

	剩余可建设用地开发比例			现状人口	各方案预测总人口（万人）		
	低方案	中方案	高方案	（万人）	低方案	中方案	高方案
省级优化开发区域							
省级重点开发区域							
合计	N/A	N/A	N/A				

【补充说明】

● 测算可以对剩余建设用地开发的比例进行多种情景假设，得出多套方案，如表9-3中的高、中、低三套方案。

● 未来人居密度的假设值可以根据目前人居密度、当地自然地理条件以及区域城市化水平预期进行设定。未来的人居密度应高于目前人居密度，山地、丘陵地区的人居密度假设值可以高于平原地区的人居密度假设值，区域面积较小、城市化水平预期较高地区的人居密度假设值也可适当提高。

● 根据所测算出的各类功能区未来可容纳的人口，还可以进一步计算出本省（自治区、直辖市）范围内国家优化开发、重点开发区域以及省级优化开发、重点开发区域未来（2020年）的人口密度；同时，可以根据假设的城市化率，以上述结果为依据测算出本省（自治区、直辖市）范围内国家优化开发、重点开发区域以及省级优化开发、重点开发区域未来（2020年）所吸纳的城市人口。

第二节 监测评估

1. 监测指标

根据省级主体功能区规划确定的发展定位和建设目标，提出相应的监测指标体系。

优化开发区域：应侧重经济增长方式、资源环境消耗、自主创新能力、人居环境等方面的监测。可选择产业结构变化、先进制造业发展水平、自主研发能力、单位能耗、单位水耗、城市土地产出水平、就业吸纳能力、就业结构变化、公共服务水平、环境质量等可度量指标进行动态监测。

重点开发区域：应侧重经济增长、工业化、城镇化、资源消耗等方面的监测。可选择经济增长（规模与速度）、经济效益、经济质量、吸纳劳动力就业水平、城市土地产出水平、环境质量等可度量指标进行动态监测。

限制开发的生态地区：突出生态环境保护的评价。重点选择生态环境改善水平、环境质量、发展方式转变等可度量指标进行动态监测。

限制开发的农业地区：突出食品安全保障的评价。重点选择基本农田保护水平、草场质量、人均农产品产量等可度量指标进行动态监测。

禁止开发区域：主要评价保护的力度，可根据不同类型保护区的法律法规选取相应关键指标进行动态监测。

2. 监测方法

要综合采用遥感、统计、实地勘察等手段和方法。

3. 评估报告

持续跟踪主体功能区发展情况，每两年编制一期评估报告。配合国家和各省（自治区、直辖市）制定经济社会发展五年规划，编制主体功能区五年期的实施情况与效果评价报告。重点评价各类功能区关键指标的达标情况及变化态势，阐述存在的主要问题并分析问题产生的原因，预测主体功能区的发展前景，提出修订政策措施或区划方案的建议。

附　　则

　　在编制省级主体功能区划过程中，应当经常与国家主体功能区划分的承担单位进行沟通。国家主体功能区划分的承担单位，有责任向编制省级区划单位提供技术援助和必要的数据支持。

　　省级以下的地（市）和县（市、区）不再进行主体功能区的划分。在国家和省级主体功能区划方案的指导下，通过各类规划贯彻落实主体功能定位；编制全国主体功能区规划、推进形成主体功能区的要求，在相关规划中划定辖区内各类功能区的具体范围，构成当地发展规划总体布局的主要内容。这样能够体现主体功能区划的空间管制原则，规范国土开发时序和空间开发结构，把握国土开发强度和土地利用方向，为编制城市规划、土地利用规划，以及审批开发项目等提供依据。

　　在省级区划过程出现的重大特殊问题，必须有文字材料向全国主体功能区规划领导小组办公室汇报和沟通，以便及时得到处理和妥善解决。确有必要新增辅助分类指标的，必须提前说明指标的选择依据、指标功能和计算方法；确有必要划分特殊类型的主体功能区的，必须提前说明特殊类型区划分的原因、依据和可能的数量、范围与主体功能定位。在全国主体功能区规划领导小组同意后，方可实施。

　　本技术规程的最终解释权归国家发展和改革委员会。

附则 1 省级主体功能区图件制图基本规程

1. 省级区划成果图制图基本要求

省级区划成果图包括：

- 省级优化开发区域分布图；
- 省级重点开发区域分布图；
- 省级限制开发区域分布图；
- 省级禁止开发区域分布图。

省级区划成果图制图的基本要求与国家级区划成果图的制图要求基本一致，具体要求如下：

1）地图投影。统一采用双标准纬线阿尔勃斯等面积圆锥投影（Albers conical equal-area projection），投影参数根据各省①地理位置确定，具体投影参数参见附件 3。

2）制图比例尺。原则上在内图廓尺寸 1.2m×1.0m、外图廓尺寸 1.3m×1.1m 的框架范围内，按照本省地域分布形状、纸张幅面等确定合适的比例尺。对于形状特殊、面积过大或过小的省（自治区、直辖市），图廓尺寸可适当放大或缩小。

3）制图数据源。根据该省数据和地理区域情况选用 1∶25 万、1∶5 万比例尺基础地理信息数据作为地理底图数据。

4）图面内容。由地理底图要素和专题要素两部分组成，提交的纸质和数字形式表达的地图应使用本规程规定的图例符号及设色。

1.1 地理底图要素内容及表达

为突出 4 类省级开发区域的专题内容，地理底图省内部分以素图为

---

① 含自治区、直辖市，下同

主，省外陆地部分以淡灰色填充，海域部分以淡蓝色填充，主要表示以下要素：

- 境界——省内部分表示省界、地区界、县界、未定省界（江苏/山东局部、内蒙古/甘肃局部、内蒙古/吉林局部）、省外部分表示相邻省界。与国外接壤的省（自治区、直辖市）表示内图廓范围内的周边国家国界。

- 交通——表示省内高速公路、主要公路、铁路，省外部分不表示。

- 水系——表示省内主要河流、湖泊，省外部分不表示。

- 居民地——表示省会城市、地级市，省外部分不表示。

- 各类名称注记——省内部分表示省会城市、地级市名称注记、地市级行政区域注记，省内主要河流、湖泊名称注记；省外部分表示邻省（邻国）名称注记、重要海域、重要岛屿名称注记。

- 其他制图要素——图幅上方居中位置为区划拔成果图标题区，标题字体大小根据图幅尺寸确定（50～55mm），字体暂定为方正魏碑简体，标题与外图廓间隔12～15mm；原则上图幅左下角为图例区，个别形状特殊的省（自治区、直辖市）可将图例放置在合适位置。

地理底图要素的基本符号、颜色、图例参见附则二。

1.2 专题要素内容及表达

省级主体功能区划成果图专题要素重点突出4类开发区域的分布情况，以县级行政区域为基本单元，具体表示形式如下：

（1）优化开发区域

分为环渤海地区、长江三角洲地区和珠江三角洲地区。以淡黄色填充优化开发区域，以淡褐色带表示优化开发区域规划范围线。

（2）重点开发区域

分为呼包银地区、哈长地区、海峡西岸地区、中原地区、长江中游地区、北部湾地区、成渝地区、关中地区和天山北坡地区等，以橘黄色填充重点开发区域。

（3）限制开发区域

分为按自然地域和按县级行政单元划分两种形式。以绿色填充限制开发区域。以文字标注分别表示 5 类生态功能区（森林、草原、荒漠、湿地、生物多样性）和 3 类防治区（沙漠化、土壤侵蚀、石漠化）。文字标注尽量靠近本区域，在条形边框内标注内容，以箭头连接具体开发区域和内容标注，条形边框以白色为底、黑色为边压盖地理底图要素。

在限制开发区域内表示县级行政区域界线及名称。

（4）禁止开发区域

以自然地域分布表示国家级自然保护区，以不同类型的点状符号分别表示世界文化自然遗产、国家重点风景名胜区、国家森林公园、国家地质公园。

专题要素的基本符号、颜色、图例参见附则二。

2. 省级国土空间综合评价图基本要求

省级指标项专题图共九大类，每类图根据实际情况又分为 2～6 种专题图，具体图件如下：

• 可利用土地资源分级类型图；

1-1 人均可利用土地资源分级类型

1-2 国土开发强度分级类型

1-3 耕地分布情况

• 可利用水资源评价图；

2-1 人均可利用水资源潜力

2-2 水资源三级区水资源量

2-3 水资源开发利用率

2-4 地下水超采强度

• 环境容量评价图；

3-1 SO_2 排放状况

3-2 COD 排放状况

3-3 SO₂ 环境容量承载状况

3-4 COD 环境容量承载

3-5 主要污染物环境容量承载状况

• 生态系统脆弱性评价图；

4-1 自然地理单元生态系统脆弱性评价

4-2 县域单元生态系统脆弱性评价

4-3 沙漠化脆弱性

4-4 土壤侵蚀脆弱性评价

4-5 石漠化脆弱性评价

• 生态重要性评价图；

5-1 自然地理单元生态重要性评价

5-2 县域单元生态重要性评价

5-3 水源涵养功能重要性评价

5-4 土壤保持功能重要性评价

5-5 防风固沙功能重要性评价

5-6 生物多样性维护重要性评价

• 自然灾害危险性评价图；

6-1 自然灾害危险性总体评价（自然单元）

6-2 自然灾害危险性总体评价（县域单元）

6-3 洪涝灾害危险性评价

6-4 地震灾害危险性评价

6-5 台风灾害危险性评价

6-6 地质灾害危险性评价

• 人口集聚度空间评价图；

7-1 人口集聚度

7-2 人口密度

7-3 流动人口迁入

7-4 城镇规模等级分布

● 经济发展水平空间评价图;

8-1 经济发展水平空间评价

8-2 人均 GDP 空间评价

● 交通可达性总体评价图;

9-1 交通优势度的空间格局

9-2 公路网络密度的空间格局

9-3 机场和港口分布图

9-4 区位优势度空间格局

上述九大类省级指标项专题图的地图投影、制图比例尺、地理底图要素的表达方式与省级区划成果图的表达方式相同,专题要素的表达方式分为以县级行政单元和以自然地理单元两种形式,颜色填充方式采用每类指标项评价图选取一个主色调,根据指标项的高低或数字的大小由深到浅的表达方式。

提交国家发展和改革委员会的纸质和数字形式表达的地图应使用本规程规定的图例符号及设色。具体颜色符号等参见附则二。

3. 省级图件可视化地图表达中的注意事项

各省自治区、直辖市公开地图应严格执行国测法字〔2003〕1 号《关于印发〈公开地图内容表示若干规定〉的通知》,公开前应通过本省(自治区、直辖市)或国家的地图审核,详见《地图审核管理规定》或本省(自治区、直辖市)测绘行政主管部门的相关规定。

内部或公开使用地图或数据,省(自治区、直辖市)、地(市)、县(市、区)行政区划界线、代码和名称参照 1 : 100 万《中华人民共和国省级行政区域界线标准画法图集》绘制,国界线画法依据 1 : 100 万《中国国界线画法标准样图》(国家测绘局 2001 年编制)绘制。

4. 上交数据的基本要求

为了整合国家和省级主体功能区划方案、完成全国主体功能区划报告及插图的编制。其中区划成果图必须上交国家发展和改革委员会，其他图件各省（自治区、直辖市）可以自主选择制作、上交。对于上报国家发展和改革委员会的国家级和省级主体功能区划图件，在提交纸质地图的同时还应提交地图数据。上交介质宜使用光盘。

基本要求如下：

1）覆盖全省（自治区、直辖市）的省级主体功能区划图件统一使用 1∶25 万比例尺的基础地理数据作为底图，个别地理面积较小的省（自治区、直辖市）可使用 1∶5 万或更大比例尺基础地理数据作为底图。

2）主体功能区划基本单元为县级行政区域，在相关属性表中要求使用最新的政区界线、名称和代码，取值内容依据国家标准《中华人民共和国行政区划代码》（GB/T 2260—2007）。如使用其他年代的行政区划代码，应附详细说明。

如果将属性数据转为 Excel 表，要求表中数据项包括：标准行政区域名称、标准行政区划代码、与县级行政区域单元相对应的专题数据项及说明。

3）数据格式：上交地图数据原则上使用 Arc/Info coverage 或 shapefile 格式。如果没有条件转为上述格式，可使用其他常见、通用 GIS 商业软件格式，但需要说明软件名称和版本。统计表格数据可使用后缀为 xls 的 Excel 表格式（＊.xls）。

4）原则上应使用本规程推荐的投影及投影参数，但是如果本区域图件依据的资料比较特殊，需要使用特殊定义的数学基础，应在上交数据时详细说明，同时，相应纸质地图应绘制经纬线网格。

附则 2 制图基本图例、颜色、CMYK、RGB 值一览表

表 1 地理底图要素

内容	图例	颜色	CMYK 值	RGB 值	符号尺寸
国外陆地		灰	0, 0, 0, 8	235, 235, 236	
海域		蓝	18, 0, 0, 0	203, 239, 255	
国界		粉	0, 0, 0, 70	109, 110, 113	线 0.3mm 面 3mm
未定国界		粉	0, 0, 0, 70	109, 110, 113	线 0.3mm 面 3mm
省界		粉	0, 0, 0, 70	109, 110, 113	线 0.2mm 面 3mm
未定省界		粉	0, 0, 0, 70	109, 110, 113	线 0.2mm 面 3mm
地区界		灰	0, 0, 0, 60	128, 130, 133	线 0.2mm
县界		灰	0, 0, 0, 60	128, 130, 133	线 0.2mm
特别行政区界		浅蓝	60, 30, 0, 0	101, 154, 210	线 0.3mm
外国地区界		红	0, 100, 100, 0	237, 28, 36	线 0.4mm
军事分界线		红	0, 100, 100, 0	237, 28, 36	线 0.4mm

续表

内容	图例	颜色	CMYK 值	RGB 值	符号尺寸
高速公路		灰 +黄	0，0，0，60 0，0，60，0	128，130，133 255，246，133	线 0.7mm
主要公路		灰	0，0，0，60	128，130，133	线 0.3mm
铁路		灰	0，0，0，60	128，130，133	线 0.5mm
主要河流、湖泊		蓝	线 100，0，0，0 面 30，0，0，0	0，174，239 171，225，250	边线 0.1mm
首都	★	红	0，100，100，0	237，28，36	4.5mm×4.5mm
省会城市	◎	蓝	100，0，0，0	0，174，239	3.5mm×3.5mm
经纬网线及注记	20	蓝	100，0，0，0	0，174，239	字 4.5mm
北回归线及注记	北回归线	蓝	100，0，0，0	0，174，239	字 2.5mm
内图廓线		蓝	100，0，0，0	0，174，239	边线 0.45mm
外图廓线			10，0，24，14	201，211，181	边线 3.0mm
首都注记	北京	红	0，100，100，0	237，28，36	方正大黑简体 4.5mm×4.5mm
省会城市注记	天津	黑	0，0，0，100	35，31，32	方正大黑简体 4.5mm×4.5mm
省级行政区域注记	天津市	红	0，100，100，0	237，28，36	方正隶书简体 6mm×6mm
地市级行政区域注记	广安市	黑	0，0，0，100	35，31，32	方正黑体简体 3.75mm×3.75mm

续表

内容	图例	颜色	CMYK 值	RGB 值	符号尺寸
县级行政区域注记	日土县	黑	0, 0, 0, 100	35, 31, 32	黑体 3mm×3mm
河流、湖泊名称注记	京杭运河	蓝	100, 0, 0, 0	0, 174, 239	方正书宋简体（左斜）3mm×3mm
重要海域名称注记	渤 海	蓝	100, 0, 0, 0	0, 174, 239	方正书宋简体（左斜）5mm×5mm
重要岛屿注记	长岛	黑	0, 0, 0, 100	35, 31, 32	方正书宋简体 1.8mm×2.2mm

表 2 区划成果图专题要素

内容	图例	颜色	CMYK 值	RGB 值	符号尺寸
优化开发区域		淡黄	0, 16, 40, 0	252, 215, 162	
优化开发区域规划范围线		淡褐	22, 63, 67, 6	187, 111, 88	
重点开发区域		橘黄	10, 54, 100, 0	227, 135, 0	
限制开发区		绿	78, 0, 100, 0	28, 179, 2	
禁止开发区——国家级自然保护区		黄	0, 38, 100, 0	255, 170, 1	符号高度 2～4mm，视图幅内所表示的各类符号密度而定
禁止开发区——世界文化自然遗产		红	0, 99, 100, 0	254, 0, 0	
禁止开发区——重点风景名胜区		浅紫	11, 87, 0, 0	255, 1, 196	
禁止开发区——国家森林公园		浅绿	56, 0, 100, 0	87, 254, 0	
禁止开发区——国家地质公园		蓝	80, 57, 0, 0	0, 113, 254	

表 3　指标项评价专题要素

内容	指标项	图例	CMYK 值	RGB 值
人均可利用土地资源分级类型	丰富		78, 0, 100, 0	28, 179, 2
	较丰富		58, 0, 87, 0	105, 211, 89
	一般		30, 0, 38, 0	170, 255, 190
	较缺乏		15, 0, 22, 0	214, 255, 213
	缺乏		1, 6, 29, 0	255, 235, 190
国土开发强度分级类型	>25		34, 84, 100, 46	109, 42, 15
	20~25		5, 71, 100, 1	231, 107, 35
	15~20		0, 40, 80, 0	250, 167, 74
	10~15		1, 9, 70, 0	255, 224, 107
	5~10		1, 0, 29, 0	255, 250, 194
	1~5		8, 0, 0, 0	231, 246, 253
	0~1		25, 0, 0, 0	185, 229, 251
耕地分布	耕地		78, 0, 100, 0	28, 179, 2
人均可利用水资源潜力/水资源三级区水资源量	>3000		69, 30, 0, 0	0, 158, 255
	>200			
	1500~3000		50, 1, 0, 0	100, 208, 255
	100~200			
	1000~1500		33, 0, 0, 0	158, 224, 255
	50~100			
	500~1000		20, 0, 2, 0	194, 244, 255
	20~50			
	0~500		2, 0, 27, 0	255, 254, 197
	0~20			
水资源开发利用率	>100		189, 4, 38	18, 100, 95, 9
	50~100		13, 86, 71, 2	209, 73, 75
	30~50		5, 45, 35, 0	235, 157, 147
	10~30		1, 16, 10, 0	251, 218, 213
	0~10		1, 5, 4, 0	252, 241, 237

续表

内容	指标项	图例	CMYK 值	RGB 值
地下水超采强度	重度超采		31, 73, 92, 26	142, 76, 42
	中度超采		6, 43, 100, 0	235, 156, 1
	轻度超采		1, 17, 86, 0	255, 209, 61
	微度超采		2, 11, 53, 0	251, 222, 142
	无超采		7, 4, 0, 0	232, 237, 255
SO$_2$ 排放状况	>10		34, 84, 100, 46	109, 42, 15
	5~10		5, 71, 100, 1	231, 107, 35
	2~5		3, 29, 88, 0	247, 186, 61
	1~2		1, 6, 56, 0	255, 232, 138
	0~1		15, 0, 22, 0	214, 255, 213
COD 排放状况	>5		34, 84, 100, 46	109, 42, 15
	2~5		5, 71, 100, 1	231, 107, 35
	1~2		3, 29, 88, 0	247, 186, 61
	0.5~1		1, 6, 56, 0	255, 232, 138
	0~0.5		18, 1, 0, 0	204, 236, 255
SO$_2$ 环境容量承载状况/主要污染物环境容量承载状况	极度超载		34, 84, 100, 46	109, 42, 15
	重度超载		5, 71, 100, 1	231, 107, 35
	中度超载		3, 29, 88, 0	247, 186, 61
	轻度超载		1, 6, 56, 0	255, 232, 138
	无超载		15, 0, 22, 0	214, 255, 213
COD 环境容量承载	极度超载		34, 84, 100, 46	109, 42, 15
	重度超载		5, 71, 100, 1	231, 107, 35
	中度超载		3, 29, 88, 0	247, 186, 61
	轻度超载		1, 6, 56, 0	255, 232, 138
	无超载		18, 1, 0, 0	204, 236, 255
自然地理单元(县域单元)生态系统脆弱性	极度脆弱		0, 70, 90, 0	243, 112, 50
	重度脆弱		0, 40, 80, 0	250, 167, 74
	中度脆弱		0, 10, 70, 0	255, 224, 106
	轻度脆弱		58, 0, 87, 0	105, 211, 89
	微度脆弱		78, 0, 100, 0	28, 179, 2

续表

内容	指标项	图例	CMYK 值	RGB 值
土壤侵蚀脆弱性	极度侵蚀		0，70，90，0	243，112，50
	强度侵蚀		0，40，80，0	250，167，74
	中度侵蚀		0，10，70，0	255，224，106
	轻度侵蚀		0，0，30，0	255，250，194
	微度侵蚀		25，0，45，0	195，223，164
沙漠化脆弱性	沙漠化敏感地区		0，33，100，0	255，180，0
石漠化脆弱性	石漠化敏感地区		32，44，100，9	168，130，33
自然地理单元（县域单元）生态重要性	高		78，0，100，0	28，179，2
	较高		58，0，87，0	105，211，89
	中等		30，0，38，0	170，255，190
	较低		1，6，29，0	255，235，190
	低		0，10，70，0	255，224，106
水源涵养功能重要性	高		69，30，0，0	0，158，255
	较高		50，1，0，0	100，208，255
	中等		33，0，0，0	158，224，255
	较低		20，0，2，0	194，244，255
	低		2，0，27，0	255，254，197
土壤保持（防风固沙）功能性重要	高		29，90，100，34	133，42，15
	较高		7，69，98，0	228，111，40
	中等		0，40，80，0	250，167，74
	较低		0，10，70，0	255，224，106
	低		15，0，22，0	214，255，213
生物多样性维护重要性	高		78，0，100，0	28，179，2
	较高		58，0，87，0	105，211，89
	中等		30，0，38，0	170，255，190
	较低		15，0，22，0	214，255，213
	低		1，6，29，0	255，235，190

续表

内容	指标项	图例	CMYK 值	RGB 值
自然灾害危险性（自然单元/县域单元）	高		7, 69, 98, 0	228, 111, 40
	较高		0, 40, 80, 0	250, 167, 74
	中等		0, 10, 70, 0	255, 224, 106
	较低		25, 0, 45, 0	195, 223, 164
	低		40, 0, 50, 0	157, 210, 156
洪涝灾害危险性	高		100, 0, 0, 0	0, 174, 239
	较高		70, 4, 4, 0	0, 185, 229
	中等		50, 0, 0, 0	109, 207, 246
	较低		0, 8, 5, 0	252, 241, 237
	低		1, 6, 29, 0	255, 235, 190
地震灾害危险性	高		0, 40, 80, 0	250, 167, 74
	较高		0, 10, 70, 0	255, 224, 106
	中等		0, 0, 30, 0	255, 250, 194
	较低		25, 0, 45, 0	195, 223, 164
	低		40, 0, 50, 0	157, 210, 156
台风灾害危险性	热带气旋与风暴灾害易发区		0, 40, 80, 0	250, 167, 74
地质灾害危险性	高		0, 10, 70, 0	255, 224, 106
	较高		0, 0, 30, 0	255, 250, 194
	较低		25, 0, 45, 0	195, 223, 164
	低		40, 0, 50, 0	157, 210, 156
人口集聚度/人口密度	高 >1500		0, 100, 100, 0	189, 4, 38
	较高 1000～1500		0, 84, 60, 0	209, 73, 75
	中等 500～1000		0, 50, 30, 0	235, 157, 147
	较低 250～500		0, 20, 10, 0	251, 218, 213
	低 0～250		0, 0, 30, 0	255, 250, 194

内容	指标项	图例	CMYK 值	RGB 值
流动人口迁入 (万人)	>20		0, 100, 100, 0	189, 4, 38
	10 ~ 20		0, 50, 30, 0	235, 157, 147
	5 ~ 10		0, 20, 10, 0	251, 218, 213
	2 ~ 5		0, 0, 30, 0	255, 250, 194
	0 ~ 2		15, 0, 30, 0	218, 235, 193
经济发展水平	高		34, 84, 100, 46	109, 42, 15
	较高		5, 71, 100, 1	231, 107, 35
	中等		3, 29, 88, 0	247, 186, 61
	较低		1, 6, 56, 0	255, 232, 138
	低		15, 0, 22, 0	214, 255, 213
人均 GDP(万元/平方公里)	>4000		34, 84, 100, 46	109, 42, 15
	2000 ~ 4000		5, 71, 100, 1	231, 107, 35
	1000 ~ 2000		3, 29, 88, 0	247, 186, 61
	500 ~ 1000		1, 6, 56, 0	255, 232, 138
	250 ~ 500		0, 0, 30, 0	255, 250, 194
	0 ~ 250		8, 0, 0, 0	231, 246, 253
交通优势度的空间格局/公路网络密度	突发区域 稠密区域		65, 75, 0, 0	113, 89, 166
	显著区域 密集区域		50, 40, 0, 0	132, 144, 200
	中等区域		30, 20, 0, 0	175, 189, 225
	较低区域 疏密区域		10, 10, 0, 0	224, 222, 240
	缺乏区域 稀疏区域		0, 0, 30, 0	255, 250, 194
机场和港口等级	2.5、3		65, 75, 0, 0	113, 89, 166
	2		56, 62, 0, 0	127, 110, 178
	1.5		50, 40, 0, 0	132, 144, 200
	1		30, 20, 0, 0	175, 189, 225
	0.5		10, 10, 0, 0	224, 222, 240
	0		0, 0, 30, 0	255, 250, 194

续表

内容	指标项	图例	CMYK 值	RGB 值
	突发区域		78, 0, 100, 0	28, 179, 2
	显著区域		58, 0, 87, 0	105, 211, 89
区位优势度	中等区域		30, 0, 38, 0	170, 255, 190
	较低区域		15, 0, 22, 0	214, 255, 213
	缺乏区域		1, 6, 29, 0	255, 235, 190

说明：

附则 2 中所列区划成果图专题要素和指标项评价图专题要素的颜色填充值目前仅供参考，最终成果图颜色还需在绘制各类专题图件的过程中经过大量的制图试验后确定。

附则 3　各省（自治区、直辖市）制图投影参数表

地区	中央经线	第一标准纬线	第二标准纬线	备注
北京市	116°30′	39°40′	41°	
天津市	117°20′	38°40′	40°	
上海市	121°30′	30°	31°30′	
河北省	116°	36°	41°	
陕西省	109°	33°	38°	
山西省	112°	35°	40°	
内蒙古自治区	112°	40°	50°	
辽宁省	123°	40°	42°	
吉林省	126°	42°	46°	
黑龙江省	129°	45°	52°	
江苏省	119°	32°	35°	
浙江省	120°	28°	30°	

地区	中央经线	第一标准纬线	第二标准纬线	备注
安徽省	118°	30°	34°	
福建省	118°	24°	28°	
江西省	116°	25°	29°	
山东省	118°	35°	38°	
河南省	114°	32°	36°	
湖北省	111°	29°	32°	
湖南省	112°	25°	29°	
广东省	114°	20°	24°	
广西壮族自治区	108°	22°	26°	
海南省	110°	19°	21°	
四川省	103°	27°	33°	
重庆市	108°	29°	32°	
贵州省	107°	25°	29°	
云南省	101°	22°	28°	
甘肃省	100°	35°	42°	
青海省	99°	33°	38°	
宁夏回族自治区	106°	36°	39°	
新疆维吾尔自治区	86°	37°	46°	
西藏自治区	88°	28°	35°	

说明：

附则 3 中所列各省（自治区、直辖市）投影参数仅供参考，如有固定的制图投影参数，应以本省（自治区、直辖市）投影参数为准，但上交资料中应说明。

数据暂不含香港、澳门和台湾 3 个地区。

附　件

附件1　关于委托开展全国主体功能区规划重大
课题研究的函（节选）

中华人民共和国国家发展和改革委员会

国家发展改革委办公厅关于委托开展
全国主体功能区划规划重大课题研究的函

中国科学院、国务院发展研究中心、国家基础地理信息中心、清华大学、国家发展改革委宏观经济研究院：

为贯彻落实"十一五"规划《纲要》提出的"推进形成主体功能区"的战略任务，国务院决定开展全国主体功能区划规划编制工作。按照《国务院办公厅关于开展全国主体功能区划规划编制工作的通知》的总体部署，现委托你们就全国主体功能区划规划重大课题开展研究，并将有关事项函告如下：

一、开展重大课题研究的重要意义

推进形成主体功能区，是根据我国不同区域的资源环境承载能力、现有开发密度和发展潜力，统筹考虑未来人口分布、经济布局、国土利用和城镇化格局，将国土空间划分为优化开发、重点开发、限制开发和禁止开发四类主体功能区，并据此引导开发方向，规范开发秩序，管制开发强度，调整开发政策，逐步形成主体功能清晰、发展导向明确、开发秩序规范、开发强度适当，人口、经济、资源环境相协调的空间开发格局。推进形成主体功能区是在区域发展中贯彻落实科学发展观，实施"五个统筹"的一个新思路，是一项关系我国国土开发全局、涉及我国现代化建设的长远战略性工作，要进一步统一思想，提高对其重大意义的认识。

编制全国主体功能区划规划，明确主体功能区的范围、功能定位、发展方向和区域政策，是一项开创性的工作，不仅涉及到区域发展模式的转型，也涉及到今后政府调控方式的改革，不仅涉及许多理论创新问题，也涉及许多技术创新问题。因此，要广泛动员自然科学、社会科学等多学科力量，充分借鉴国外先进经验，进一步深化主体功能区划理论和技术方法研究，确立科学的指标体系和划分标准，利用遥感地理信息系统等技术支撑，建立主体功能区划信息平台，深入研究主体功能区划方案及分类管理的区域政策，为编制完成全国主体功能区划规划奠定坚实基础。

二、重大课题研究的任务和分工

按照全国主体功能区划规划编制工作的需要，重大课题研究分为两大研究任务。

（一）全国主体功能区划方案及遥感地理信息支撑系统

中科院地理科学与资源研究所作为课题研究的牵头单位，会同国家发改委宏观经济研究院、中科院遥感应用研究所、国家基础地理信息中心组成联合课题组，分工协作，共同完成。牵头单位负责课题总体组织，会同各单位提出总体课题设计，明确具体任务分工和工作步骤。各单位按照课题总体要求和任务分工，提出专题完成全国主体功能区划规划。重大课题研究必须围绕规划编制工作的阶段性任务进行。各科研单位不仅要把课题当作一项研究任务，更要当作一项重大工作任务来看待。

一是制定周密计划。全国主体功能区划规划编制工作，时间紧，任务重。请各单位按照 2007 年 9 月底前完成课题研究的要求，制定详细课题计划，安排好研究重点和时间进度，组织高水平的研究人员，按时提交阶段性研究成果和最终成果。

二是体现前瞻性和可操作性。全国主体功能区划一经确定，将在一段时期内保持相对稳定。因此，研究工作要从未来十几年我国空间发展战略出发，前瞻性地提出区划方案，提出切实可行的区域政策。

三是加强交流与协作。重大课题研究是一项复杂的整体性工作，涉及多个学科，也涉及多个科研单位。各个研究课题既有相对独立性，又都是整体工作中的重要部分，相辅相成、相互关联。各科研单位既要独立完成相关课题任务，又要服从整体工作要求，加强沟通和相互配合。

四是做好保密工作。为避免干扰，对研究过程中的资料和阶段性研究成果，要做好保密工作，未经允许不得对外公开发表。

二〇〇六年十二月十二日

附件 2　关于《省级主体功能区划分技术规程》有关情况的说明

中华人民共和国国家发展和改革委员会

关于《省级主体功能区划分技术规程》有关情况的说明

为指导各地区做好省级主体功能区规划编制工作，我们委托中科院课题组研究制定了《省级主体功能区划分技术规程》（以下简称《规程》）。该《规程》经过研讨论证、征求意见和修改完善后，已于 2008 年 6 月以发改系统网络方式下发至各（省、区）及新疆生产建设兵团发展改革委。我们要求，各地区要依据《规程》做好省内国土空间综合评价和省级主体功能区划分工作，为科学编制省级主体功能区规划奠定基础。

两年多来，各地区在省级主体功能区规划编制过程中充分应用了《规程》及相关成果，目前各省级规划已初步编制完成，正在与国家规划衔接之中。各地区普遍反映，《规程》技术方法可行、操作性强，对于主体功能区规划工作的推进具有积极作用。

以上情况，特此说明。

国家发展和改革委员会发展规划司
2011 年 2 月 15 日

附件3 关于完善主体功能区战略和制度
的若干意见（节选）

中共中央文件

中共中央　国务院
关于完善主体功能区战略和制度的若干意见

（2017 年 10 月 12 日）

　　推进主体功能区建设，是党中央、国务院作出的重大战略部署，是我国经济发展和生态环境保护的大战略。为充分发挥主体功能区在推动生态文明建设中的基础性作用和构建国家空间治理体系中的关键性作用，完善中国特色国土空间开发保护制度，实现国家空间治理能力现代化，现提出以下意见。

一、重大意义

　　2010 年国务院印发《全国主体功能区规划》、党的十七